长江经济带生态保护与绿色发展研究丛书

熊文 总主编

浙江篇

争做生态文明模范生

主编 黎明

副主编 裴琴 黄羽

长江出版社

CHANGJIANG PRESS

图书在版编目（CIP）数据

长江经济带生态保护与绿色发展研究丛书．浙江篇： 争做生态文明模范生 ／
熊文总主编 ； 黎明主编 ； 裴琴，黄羽副主编 ．
一武汉 ： 长江出版社，2022.9
ISBN 978-7-5492-8543-3
Ⅰ．①长… Ⅱ．①熊… ②黎… ③裴… ④黄… Ⅲ．①长江经济带－生态环境保护－研究
②长江经济带－绿色经济－经济发展－研究③生态环境建设－研究－浙江
④绿色经济－区域经济发展－研究－浙江 Ⅳ．① X321.25 ② F127.5

中国版本图书馆 CIP 数据核字 (2022) 第 186900 号

长江经济带生态保护与绿色发展研究丛书．浙江篇： 争做生态文明模范生
CHANGJIANGJINGJIDAISHENGTAIBAOHUYULÜSEFAZHANYANJIUCONGSHU
ZHEJIANGPIAN： ZHENGZUOSHENGTAIWENMINGMOFANSHENG
总主编 熊文　 本书主编 黎明　 副主编 裴琴 黄羽

责任编辑： 蔡梦轩
装帧设计： 刘斯佳
出版发行： 长江出版社
地　　址： 武汉市江岸区解放大道 1863 号
邮　　编： 430010
网　　址： http://www.cjpress.com.cn
电　　话： 027-82926557（总编室）
　　　　　 027-82926806（市场营销部）
经　　销： 各地新华书店
印　　刷： 武汉市首壹印务有限公司
规　　格： 787mm×1092mm
开　　本： 16
印　　张： 14.75
彩　　页： 8
字　　数： 230 千字
版　　次： 2022 年 9 月第 1 版
印　　次： 2022 年 10 月第 1 次
书　　号： ISBN 978-7-5492-8543-3
定　　价： 79.00 元

《长江经济带生态保护与绿色发展研究丛书》

编纂委员会

主　　任　　熊　文

委　　员　　（按姓氏笔画排序）

丁玉梅　李　阳　杨　倩　吴　比　何　艳　姚祖军

黄　羽　黄　涛　萧　毅　彭贤则　蔡慧萍　裴　琴

廖良美　熊芙蓉　黎　明

《浙江篇：争做生态文明模范生》

编纂委员会

主　　编　　黎　明

副主编　　裴　琴　黄　羽

编写人员　　（按姓氏笔画排序）

丁子沂　王　巍　朱兴琼　杜孝天　李坤鹏　李俊豪

陈羽竹　袁文博　梁宝文　彭江南　廖良美　熊喆慧

前　言

在中国版图上，有这样一片区域，形似巨龙，日夜奔腾，浩浩荡荡，这就是中国第一大河，也是世界第三长河——长江。

长江全长6300余km，滋养了古老的中华文明；流域面积达180万km²，哺育着超1/3的中国人口；两岸风光旖旎，江山如画；历史遗迹绵延千年，熠熠生辉。长江是中华民族的自豪，更是中华民族生生不息的象征。

不仅如此，长江以水为纽带，承东启西、接南济北、通江达海，一条黄金水道，串联起沿江11个省（直辖市），支撑起全国超40%的经济总量，是中国经济社会发展的大动脉。

一直以来，习近平总书记深深牵挂着长江，竭力谋划着让长江永葆生机活力的发展之道。

2016年1月5日，重庆，在推动长江经济带发展座谈会上，习近平总书记发出长江大保护的最强音："当前和今后相当长一个时期，要把修复长江生态环境摆在压倒性位置，共抓大保护、不搞大开发。"从巴山蜀水到江南水乡，生态优先、绿色发展的理念生根发芽。

2018年4月26日，武汉，在深入推动长江经济带发展座谈会上，习近平总书记强调正确把握"五大关系"，以"钉钉子"精神做好生态修复、环境保护、绿色发展"三篇文章"，推动长江经济带科学发展、有序发展、高质量发展，引领全国高质量发展，擘画出新时代中国发展新坐标。

2020年11月14日，南京，在全面推动长江经济带发展座谈会上，习近平总书记指出，要坚定不移地贯彻新发展理念，推动长江经济带高质量发展，谱写生态优先绿色发展新篇章，打造区域协调发展新样板，构筑高水平对外开放新高地，塑造创新驱动发展新优势，绘就山水人城和谐相融新画卷，使长江经济带成为我国生态优先绿色发展主战场、畅通国内国际双循环主动脉、引领经济高质量发展主力军。

伴随着党中央的强力号召，长江经济带的发展从"推动""深入推动"走向"全面推动"，沿长江11省（直辖市）密集出台了一系列推动经济发展的新政策、新举措。短短几年，一个引领中国经济高质量发展的生力军正在崛起。

可是，与长江经济带蓬勃发展形成鲜明反差的是，全面系统研究长江经济带生态保护与绿色发展的专著却鲜见。为推动长江经济带绿色崛起，我们萌生了编纂"长江经济带生态保护与绿色发展研究"系列丛书的想法。通过该系列丛书的梳理，我们希望完成三个"任务"：

第一，系统梳理、深度展现在长江经济带发展大战略中，沿江11省（直辖市）在新时代绿色崛起中发挥的作用和取得的成绩，总结各省（直辖市）经济发展中的经验和启示，充分发挥领先城市经济发展的示范引领作用，为整个经济带的全面发展提供借鉴。

第二，认真总结、深刻剖析在长江经济带发展过程中，沿江11省（直辖市）经济发展存在的问题，系统梳理长江经济带绿色绩效评价体系，期待为破解长江经济带经济发展的资源环境约束难题、探寻长江经济带绿色经济绩效的提升路径、增强长江经济带发展统筹度和整体性、协调性、可持续性提供全新视角。

第三，有针对性地提出长江经济带未来发展的政策建议和战略对策，助力长江经济带形成生态更优美、交通更顺畅、经济更协调、市场更统一、机制更科学的黄金经济带，为中国经济统筹发展提供新的支撑。

这是我们第一次系统梳理长江经济带的发展，也是我们第一次完整地总结长江沿江11省（直辖市）的发展脉络。

我们欣喜地看到，伴随着三次推动长江经济带发展座谈会的召开，长江沿线11省（直辖市）均有针对性地出台了各省（直辖市）长江经济带发展的具体措施和规划。上海提出，要举全市之力坚定不移推进崇明世界级生态岛建设，努力把崇明岛打造成长三角城市群和长江经济带生态环境大保护的重要标志。湖北强调，要正确把握"五大关系"，用好长江经济带发展"辩证法"，做好生态修复、环境保护、绿色发展"三篇大文章"。地处长江上游的重庆表示，要强化"上游意识"，担起"上游责任"，体现"上游水平"，将重庆打造成内陆开放高地和山清水秀美丽之地。诸如此类，沿江各省都努力争当推动长江经济带高质量发展的排头兵。

我们也欣喜地看到，《长江上游地区省际协商合作机制实施细则》《长三角地区一体化发展三年行动计划（2018—2020年）》等覆盖全域的长江经济带省际协商合作机制逐步建立，共抓大保护的合力正在形成。

我们更欣喜地看到，在以城市群为依托的区域发展战略指引下，在长江三角洲城市群、长江中游城市群、成渝城市群、黔中城市群、滇中城市群等区域城市群的强力带动辐射影响之下，一批城市正迅速崛起。在党中央和沿江各省（直辖市）共同努力下，长江经济带正释放出前所未有的巨大经济活力。虽成效显著，但挑战犹存。在该系列丛书的梳理中，我们也发现了长江经济带发展过程中存在的问题：生态环境保护的形势依然严峻、生态环境压力正持续加大、绿色产业转型压力依旧巨大。为此，我们寻找了德国莱茵河治理、澳大利亚猎人河排污权交易、美国饮用水水源保护区生态补偿、美国"双岸"经济带的产业合作等多个国外绿色发展案例，希望为国内长江经济带城市绿色发展提供借鉴。

编　者

长江黄金水道

前　言

　　本书为《长江经济带生态保护与绿色发展研究丛书》之浙江篇分册，由湖北工业大学黎明副教授担任主编，湖北工业大学裴琴、黄羽担任副主编。本册共分七章，第一章梳理了浙江省绿色发展的历史、战略意义以及绿色发展政策体系，明确了浙江省在长江经济带绿色发展中的战略定位。第二章全面分析了浙江省经济社会发展概况、生态环境保护现状及绿色发展状况，全面展示了浙江省在绿色发展中取得的成果。第三章从"三线一单"生态环境分区、生态管控单元划定、生态保护红线与生态管控分区、资源利用上线与底线目标、生态环境准入清单等五个方面剖析了浙江省绿色发展存在的生态环境约束。第四章系统分析了浙江省在绿色发展中的战略举措，从绿色产业主导、宜居环境构建、节能减排促绿色发展和绿色金融创新等四个方面展现了浙江作为。第五章针对浙江省典型区域绿色发展规划、工业园区规划及重点流域生态规划进行了分析研究。第六章对浙江省绿色发展绩效关键指标进行了解读，对浙江省典型区域绿色发展进行了绩效评价。第七章为浙江省绿色发展提出了政策建议和实施路径。

　　本书在撰写过程中，湖北工业大学长江经济带大保护研究中心、经济与管理学院、流域生态文明研究中心等单位领导精心组织编撰，同时长江经济带高质量发展智库联盟、湖北省长江水生态保护研究院、水环境污染监测先进技术与装备国家工程研究中心、河湖生态修复及藻类利用湖北省重点实验室、长江水资源保护科学研究所、江苏河海环境科学研究院有限公司、无锡德林海环保科技股份有限公司等单位相关专家大力指导与帮助，长江出版社高水平编辑团队为本书出版付出了辛勤劳动，在此一并致谢。

由于水平有限和时间仓促，书中缺点、错误在所难免，敬请专家和读者批评指正。

编　者

目 录

第一章　浙江省在长江经济带绿色发展中的战略定位

第一节　浙江省在长江经济带中的重要地位

长江是我国第一大河，世界第三长河，干流流经青、藏、川、滇、渝、鄂、湘、赣、皖、苏、沪八省二市一区，干流全长 6300 余千米，流域面积 180 万平方千米，约占全国陆地总面积的 1/5。2014 年 9 月，国务院印发《关于依托黄金水道推动长江经济带发展的指导意见》，部署将长江经济带建设成为具有全球影响力的内河经济带、东中西互动合作的协调发展带、沿海沿江沿边全面推进的对内对外开放带和生态文明建设的先行示范带。《意见》指出，长江是货运量位居全球内河第一的黄金水道，在区域发展总体格局中具有重要战略地位。依托黄金水道推动长江经济带发展，打造中国经济新支撑带，有利于挖掘中上游广阔腹地蕴含的巨大内需潜力，促进经济增长空间从沿海向沿江内陆拓展；有利于优化沿江产业结构和城镇化布局，推动中国经济提质增效升级；有利于形成上中下游优势互补、协作互动格局，缩小东中西部地区发展差距；有利于建设陆海双向对外开放新走廊，培育国际经济合作竞争新优势；有利于保护长江生态环境，引领全国生态文明建设。

《意见》明确，要以改革激发活力、以创新增强动力、以开放提升竞争力，依托长江黄金水道，高起点高水平建设综合交通运输体系，推动上中下游地区协调发展、沿海沿江沿边全面开放，构建横贯东西、辐射南北、通江达海、经济高效、生态良好的长江经济带。

《意见》提出了七项重点任务。一是提升长江黄金水道功能；二是建设综合立体交通走廊；三是创新驱动促进产业转型升级；四是全面推进新型城镇化；五是培育全方位对外开放新优势；六是建设绿色生态廊道；七是创新区域协调发展体制机制。

2016 年 9 月，《长江经济带发展规划纲要》正式印发，确立了长江经济带"一轴、两翼、三极、多点"的发展新格局："一轴"是以长江黄金水道为依托，发挥上海、武汉、重庆的核心作用，推动经济由沿海溯江而上梯度发展；"两翼"分别指沪瑞和沪蓉南北两大运输通道，这是长江经济带的发展基础；"三极"指的是长江三角洲城市群、长江中游城市群和成渝城市群，充分发挥中心城市的辐射作用，打造长江经济带的三大增长极；"多点"是指发挥三大城市群以外地级城市的支撑作用。

2018 年 11 月，中共中央、国务院明确要求充分发挥长江经济带横跨东中西三大板块的区位优势，以共抓大保护、不搞大开发为导向，以生态优先、绿色发展为引领，依托长江黄金水道，推动长江上中下游地区协调发展和沿江地区高质量发展。长江经济带区域各省市积极响应国家区域发展重大战略部署，抓住机遇，迎接挑战，全面推进长江经济带建设。长江经济带覆盖上海、江苏、浙江、安徽、江西、湖北、湖南、重庆、四川、云南、贵州等 11 个省市，面积约 205 万平方千米，占全国总面积的 21%，人口和经济总量均超过全国的 40%。长江经济带覆盖 9 个省和 2 个直辖市，西起云南，东至上海。长江流经的青海、西藏并没有纳入长江经济带，但浙江与贵州这种并非长江干流流经的省份，却纳入了长江经济带的发展圈，如图 1-1 所示。

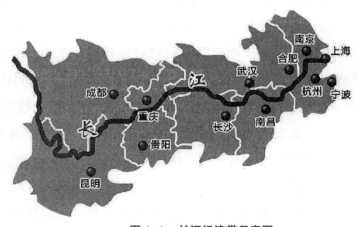

图 1-1 长江经济带示意图

一、重要的经济发展历史地位

长江经济带，而非长江流域经济带，所以不能单纯地从地理上进行理解，而应从历史发展长河内生关系的沉淀和现实经济运行关系加以确定。在漫长的发展阶段中，浙江的历史人文、经济社会都深深融入了长江元素。改革开放以来，数以十万计的浙商，在长江沿线省市白手起家、艰苦创业，"浙江人经济"在长江沿线生根开花结果。

长江经济带发展要坚持"一盘棋"思想。什么是"一盘棋"？国家发改委基础产业司副司长周小棋解释说，长江经济带是典型的流域经济，不仅涉及上下游、左右岸，还有干支流，是一个整体，这个整体中不能少了浙江。

二、重要的国家战略衔接地位

首先，长江经济带战略和长三角一体化战略衔接需要长三角是长江经济带的龙头，而浙江又是长三角中不可或缺的一部分。如今，长三角一体化已经成为一种趋势，浙江正在主动接轨上海、拥抱上海、服务上海，同时与其他兄弟省市合作的广度、深度和强度不断加大，长三角一体化日益成为推动浙江经济社会持续发展的重要引擎。长江经济带和长三角一体化这两个国家战略，在发展空间上重叠，在功能上互补，在发展中形成合力。浙江无法缺位，也不能缺位。其次，长江经济带战略和"一带一路"倡议衔接需要长江经济带与"一带一路"贯通，其中一条重要路径就是向海。长江经济带向海，浙江是桥头堡。浙江很早就提出了海洋经济，如果以浙江为跳板走向世界，长江经济带的格局一下子就打开了。位于长江入海口附近的浙江，处在中国海岸线的黄金中点位置，具备通江达海的区位优势，这使浙江在长江经济带的陆海联动、江海联运中发挥着独特而重要的作用。

长期以来，海船不能入江，江船不能出海，制约了长江沿线城市大宗物资运输的效率。把长江内河水运与沿海港口的国际海运结合起来，这是浙江的优势所在。2017年，舟山建成了2万吨级江海直达船，这是国内第一艘针对特定海域、特定航线、特定船型的江海联运直达船。连接长江，走向大海，浙江在融入长江经济带中已经下好了一步先手棋。近些年，浙江通过建设舟山江海联运服务中心，为长江经济带画龙点睛，打造21世纪海上丝绸之路的战略支点。

浙江还有一个宁波舟山港，全球首个10亿吨大港。长江沿线省市所需的铁矿砂、原油等大宗商品，有相当一部分是通过宁波舟山港转运。作为江海联运的重要中转节点，宁波舟山港近年来一直积极参与长江经济带"无水港"建设布局和长江黄金水道沿线码头合资合作，带动港口与沿江腹地联动发展。

2020年11月14日，习近平总书记在全面推动长江经济带发展座谈会上强调：要使长江经济带成为我国生态优先绿色发展主战场，畅通国内国际双循环的主动脉，引领经济高质量发展主力军。浙江省作为我国生态优先、绿色发展源头和榜样，东部沿海改革开放起步早的地区，很多产业已融入全球产业体系，有利于成为畅通国内国际双循环主动脉的先头兵，引领长江经济带经济高质量绿色发展。

三、生态绿色发展的先进地区

习近平总书记说，推动长江经济带发展必须从中华民族长远利益考虑，走生态优先、绿色发展之路，使绿水青山产生巨大生态效益、经济效益、社会效益，使母亲河永葆生机活力。那么，怎样才算是"生态优先、绿色发展"？

在这个方面，浙江恰好有许多可取之处。习近平总书记就是在浙江首次明确提出"绿水青山就是金山银山"这一科学论断。这么多年来，浙江人民沿着"绿水青山就是金山银山"的路子坚定不移地走下去，持续整治环境污染，不断提升生态优势，接续培育生态文化，让绿色成为浙江发展最耀眼、最动人的色彩。从"五水共治"到治土治气，浙江已先行一步，探索出来的经验可以与兄弟省市共享，为长江经济带的绿色发展做出更大贡献，让长江经济带更富饶、更美丽。

以浙江的浦阳江为例，如图1-2，浦阳江通过"五水共治"转变为受市民喜爱的生态、生活廊道。生态优先并非一省一市之事，发展长江经济带，必须探索并建立出一种省际协商合作机制，推动沿江省市的沟通交流和合作。浙江做好"生态"这篇文章时，早已开启跨省合作的强强联手模式，比如，在浙皖交界的淳安县宅上村，三面被千岛湖围绕，如图1-3，从安徽自上而下的新安江水润泽了千岛湖，也养育了几代浙江人。当时碰到的难题就是：下游治水光自己努力没用，水都是从上游流下来。对此，浙皖两省启动实施了新安江流域上下游横向生态补偿试点。最难能可贵的，不是下游给上游补偿了多少钱，而是两省协商合作在体制机制上的创新。

图1-2　"五水共治"示意图

图1-3　宅上村三面环水

第二节　长江经济带中浙江省绿色发展的战略意义

长江经济带是我国人口多、产业规模大、城市体系非常完整的巨型流域经济带之一，承担促进中国崛起、实现中华民族伟大复兴的历史重任，发挥着保障全国总体生态功能格局安全稳定的全局性作用。推动长江经济带发展，走生态优先、绿色发展之路，建设成全国具有重大影响的绿色经济示范带，意义非凡。

一、破解生态环境瓶颈制约的必由之路

长江经济带具有优越的区位条件、雄厚的经济基础、完善的城市体系、强大的创新能力、优异的资源禀赋，是我国"T"形生产力布局主轴线的核心组成部分，在中国经济社会发展中具有极其重要的战略地位。然而，长江经济带的粗放发展导致资源环境约束日益趋紧，区域性、累积性、复合性环境问题愈加突出。产业结构重型化特点突出，重化工产业沿江高度密集布局，长江沿江省市化工产量约占全国的 46%。资源消耗和污染排放强度高，长江经济带大部分区域能耗水耗和污染排放强度是全国平均水平的 1 倍以上，长三角地均污染物排放强度是全国平均水平的 4 倍以上。

环境问题长期积累，导致长江经济带环境风险隐患突出，将直接影响沿江重大生产力布局，环境问题和风险反过来又影响经济安全。因此必须改变传统的"高投入、高消耗、低效率"的发展模式，实施"低投入、低消耗、高效率"的绿色发展模式，处理好经济、资源、环境之间的关系，不断提高经济、社会和环境的协调性，增强经济社会的可持续发展能力。

二、以创新驱动促进产业升级的必然选择

长江经济带是世界上最大的内河产业带和制造业基地，为我国经济发展做出过巨大贡献。推进长江经济带绿色发展，必须优化产业结构，加快产业转型升级，大力发展绿色产业，打造在全国具有重大影响的绿色经济示范带。2010 年 10 月 10 日发布的《国务院关于加快培育和发展战略性新兴产业的决定》明确提出了战略性新兴产业，包括节能环保产业、新一代信息技术产业、生物产业、高端装备制造产业、新能源产业、新材料产业、新能源汽车产业等，这些产业具有知识技术密集、物质资源消耗少、成长潜力大、综合效益好的特点，符合绿色发展的理念，已经成为我国新的增长点，也必将成为长江经济带新的经济增长领域。

三、保持生态功能格局稳定的客观要求

长江经济带是我国"两屏三带"为主体的生态安全战略格局重要组成部分，是保障全国总体生态功能格局安全稳定的生态主轴。长江上游是"中华水塔"，是关系全局的敏感性生态功能区，是珍稀濒危动植物的家园和生物多样性的宝库；长江中下游是我国不可替代的战略性饮用水水源地和润泽数省的调水源头。

目前，长江经济带面临着越来越重的资源环境压力，生态形势非常严峻。长江全流域开发已总体上接近或超出资源环境承载上限，江湖关系改变，入湖水量减少，通江湖泊消失；环境容量降低，营养盐和污染物长期随泥沙淤积，水库淤泥将逐步成为流域生态的安全隐患；开发区和城市新区沿江大规模低效率无序蔓延，导致岸线资源过度利用，湿地加速萎缩，沿江沼泽加快消失，生态空间被大量挤占；"糖葫芦串"式水电开发对长江上游珍稀特有鱼类保护区形成了"合围"的态势，重要生态环境丧失或受到严重挤压，生物多样性下降。工业化、城镇化粗放推进与资源环境承载力之间的矛盾日益突出，长江经济带生态功能整体退化，严重威胁生态安全格局。

在全球应对气候变化的大背景下，许多国家出台了发展绿色经济的重大举措，使得绿色经济迅速成为影响世界经济发展进程的重要潮流。在经济全球化的发展过程中，一些发达国家在资源环境方面，要求末端产品符合环保要求，对我国的出口贸易特别是扩大出口产生了非常严重的影响。长江经济带是具有全球影响力的内河经济带，也是沿海沿江沿边全面推进的对内对外开放带，因此，在国际发展绿色化的大背景下，长江经济带必须通过绿色发展，增强自主创新能力，提高技术水平与国际接轨，提高长江经济带的国际竞争力和影响力。

四、增进人民福祉的有效路径

长江经济带是我国"两纵三横"为主体的城市化战略格局的重要组成部分，集中了长三角城市群、长江中游城市群、成渝城市群等世界级城市群，全流域总人口超过 5 亿，人口密度远超全国平均水平，是全球人口最密集的

流域之一。切实改善长江生态环境，事关数亿人的生存与健康。

良好生态环境是最公平的公共产品，是最普惠的民生福祉，是民心所向。长江经济带资源环境承载问题突出，必须将绿色发展理念全面融入城乡发展之中，增强经济、基础设施、公共服务和资源环境的承载能力。随着人民群众迈向小康，对美好生活向往的内涵更加丰富，对与生命健康息息相关的环境问题越来越关切，期盼更多的蓝天白云、绿水青山，渴望更清新的空气、更清洁的水源，严格限制发展高耗能高耗水服务业、大力治理城乡环境、倡导绿色消费理念、鼓励绿色出行等都是推进长江经济带绿色发展的重要途径。

五、长江经济带浙江省绿色发展的战略意义

长江经济带发展战略尤其是绿色发展战略确立后，浙江省作为长江经济带重要省份，继续遵循绿色发展理念，按照国家对长江经济带绿色发展的战略部署，坚持走绿色发展之路，除了具有长江经济带绿色发展的普遍性战略意义，还具有自身特殊性的战略意义。

（一）有利于增强长江经济带绿色发展协同性

习近平总书记在党的十九大报告中明确指出："以共抓大保护、不搞大开发为导向推动长江经济带发展。"这是在新的历史起点上推动长江经济带发展的总要求和根本遵循。长江经济带是大跨度的经济带，推动长江经济带绿色发展，必须通过协同创新，促进上中下游协同融合、东中西部互动合作，汇聚多方力量共同将长江经济带打造成我国生态文明建设的先行示范带。

长江经济带涉及水、路、港、岸、产、城和生物、湿地、环境等多个方面，是一个完整系统，需要统筹谋划。长江上、中、下游地区各自的自然地理、资源环境等优势不同，需要形成互为补充的产业链，需要各地对产业发展形成共识，避免重复建设或恶性竞争，共同抵制高风险、高污染产业，避免个别地区为了眼前利益而侵害长江经济带的整体利益。浙江省作为长江经济带的重要省份，绿色发展走在全国前列，取得了很多好的经验，可以在长江经济带推广。同时浙江省按照长江经济带绿色发展方向，结合自己的实际情况，

协同其他省市实行区域绿色转型，绿色创新发展，有利于早日将长江经济带打造成我国生态文明建设的先行示范带。

（二）有利于化解经济发展与环境资源矛盾

绿色发展是建立在生态环境容量和资源承载力的约束条件基础上，将生态环境保护作为实现可持续发展重要支柱的一种新型发展模式。绿色发展是当今世界经济发展的主流趋势，尤其是2008年金融危机爆发之后，绿色发展理念逐渐成为世界经济秩序重构和全球环境治理的新动力。作为全国经济先行地区之一，浙江省既是经济大省，又是资源小省，发展中面临着日益严峻的资源与环境约束，走绿色发展之路已经成为该省经济社会发展的内在要求，也是有效化解经济发展与环境资源矛盾的必然选择。

一直以来，经济总量大而资源禀赋低是对浙江省经济状况的主要概括。很长时间以来，浙江省用占全国1%的土地、3%的人口，产出了近7%的GDP。而在经济迅速发展的同时，该省的资源和生态环境曾经严重"透支"，尽管目前得到改善，但土地、水、能源、环境容量等约束条件会长期成为制约浙江经济社会持续发展的重要瓶颈。

2011年，浙江省人均耕地面积不到全国平均水平的40%，人均水资源占有量低于全国平均水平，一次能源自给率不足5%。一直以来，化学需氧量、二氧化硫、氨氮、氮氧化物等主要污染物的排放总量居高不下，减排任务艰巨。PM2.5、有机废气、重金属污染、近岸海域污染问题也日益突出。

环境承载力给大规模工业项目建设预留的环境容量空间已经不大，部分地区甚至已经超过了环境承载极限。随着城市化、工业化的进一步推进，该省的污染物排放量和生态风险将继续增加，资源环境约束将进一步趋紧。

（三）有利于产业绿色转型创新发展

浙江省长期以来注重产业转型升级，但总体进展仍然较慢。2021年，浙江省三次产业增加值比例为3.3：40.8：55.9，经济总体格局上升为以第三产业为主。目前，浙江省制造业中高附加值产业比例偏低，优势产业主要集中在低附加值的轻加工业上，传统劳动密集型产业比例偏高，经济增长仍主要依靠投资和出口拉动。绿色发展是未来的方向，妥善处理经济发展、社会进步与能源资源、生态环境、气候变化的关系，积极探索人与自然和谐共赢的绿色发展道路，是世界各国面临的共同挑战。2008年，国际金融危机后，浙江省就是按照绿色引领、环境倒逼转型的理念，强力推进铅蓄电池、电镀、制革、造纸、印染、化工等六大重污染、高能耗行业的整治提升工作，其中浙江省273家铅蓄电池企业关闭了224家，而行业生产总值较整治前增长41.3%，利润增长75%，成效显著。国内外实践也证明，绿色发展是解决资源环境约束的有效途径。

环保产业是一个跨领域，与其他经济部门相互交叉、相互渗透的综合性新兴产业，可以带动上下游相关产业发展，起到拉动增长的作用。浙江省近几年环保产业的增幅保持20%以上，2013年销售产值达1658亿元，居于全国前列。国家和浙江省都把环保产业列入加快培育和发展的战略性新兴产业，浙江省提出，到2025年，浙江省节能与新能源汽车产业链年产值规模达到1万亿元。在强调新常态和绿色化的背景之下，依法铁腕治污、大规模集中治污、政府购买环境服务等也成为常态，环保产业将在拉动投资增长和消费需求、促进产业升级和发展方式转变、保障和改善民生等方面成为新的增长点。

（四）有利于提质量保民生

当前所面临的环境约束，已不仅仅是环境资源存量不足，而是环境基本公共产品的短缺，表现为人民群众对环境问题的敏感度越来越高，容忍度越来越低。

从公众环境行为来看，环境维权和自我实现两条路径，将推动全民共建共享。过去，公众的环境行为重点体现在对环保的监督上，集中于对环境污染的投诉举报。近年来，水、大气、土壤等环境长期受污染而积累的危害日益凸显并不断曝光，把多年来公众对环境污染的容忍推到临界点。因环境污染引起的突发事件也越来越多，环境污染已成民生之患、民心之痛。未来，随着生活水平的提高、生态文明建设的不断推进和环保理念的深入人心，公众关注环保、参与环境事务管理的积极性空前高涨，将形成公众律他（监督他人）和律己（自我教育、自我管理、自我服务）双重结合的参与，最终实现从以前要求别人环保到自身践行环保的转变。随着生活水平的不断提升，从求温饱到盼环保，从谋生计到要生态，人们把环保看得越来越重，期待越来越高。环保工作的着力点不仅要腾容量保增长，更要提质量保民生。

第三节　浙江省绿色发展历史

一、绿色发展理念在浙江历史悠久

绿色理念在浙江地域性传统文化中具有深厚的思想渊源。在浙江的地域性文化之中，浙学对浙江文化的影响最为持久深远，浙东学派也是自宋代以后中国历史上名声卓著的地域性学派。浙学是浙江历史上儒家学派的集合，自南宋成型以来历经了近 800 年，在那个战火纷飞、知识分子南下飘零的南宋时期，浙学无疑对儒家思想起到了承接连贯的作用，也成就了南宋之后文化重心南移的文化繁荣。儒学传统中"乐山乐水""参赞化育""仁民爱物"等以仁学思想为核心的生态思想在这个新的国家政治经济文化中心得以传承，例如南宋陆九渊"吾心便是宇宙，宇宙即是吾心"所阐述的人与宇宙的关系，明代王阳明"心无体，以天地万物感应之是非为体"表达了人心不可能在脱离客观存在的自然物而凭空想象出一个意义世界的心物关系，王阳明甚至直接谈到物我同体、物我共生的生态思想，他说："人的良知，就是草木瓦石的良知。若草木瓦石无人的良知，不可以为草木瓦石矣。岂为草木瓦石为然，天地无人的良知，亦不可为天地矣。盖天地万物与人原是一体，其发窍之最精处，是人心之一点灵明。"

五四运动以后，德先生与赛先生给自然"驱魅"，运用一切手段开发自然的唯发展主义思潮兴起，其思潮之盛令严复感慨道："茫茫一大行星，遂为人之私产。"但是在浙江，仍有一批知识分子在欢迎德先生和赛先生的同时保持理性，注意到了人与自然的共生共存关系并大声疾呼，例如鲁迅在为周建人编译的《进化与退化》一书所作引言中写道："沙漠之逐渐南徙，营养之已难维持，都是中国人极重要，极切身的问题，倘不解决，所得的将是一个灭亡的结局。林木伐尽，水泽湮枯，将来的一滴水，将和血液等价，倘这事能为现在和将来的青年所记忆，那么，这书所得的酬报，也就非常之大了。"正是浙江传统文化中的人与自然共存共生的思想，影响着浙江地域性建设与发展历程中的价值取向，绿色理念始终渗透进了该历程之中，但是在不同时期，绿色理念对实践的影响力大小存在差别。

二、新中国建设艰苦时期的生态传承

在改革开放之前，由于全国生产力水平低下，农业以粮为纲，毁林种粮，围湖造田很普遍。但浙江省却不一样，1954—1967年，江华同志长期主持浙江省各项工作，这是以国民经济秩序恢复和重建为主要任务的非常时期，更是经历了"三年经济困难"的艰苦时期，在温饱问题都难以解决的经济社会条件之下，江华同志始终不忘宣传保护山林，鼓励省内各地区植树造林。据资料记载，"1962年春夏，由于群众生活困难，山区半山区出现严重毁林种粮现象，江华立即在金华召开部分地、县委负责人座谈会，坚决制止毁林开荒、破坏山林。他明确要求各地给山区调整粮食征购和供应任务，发展山区的木本粮油和各种经济作物"。

三、改革开放后的绿色发展实践探索

（一）"绿化浙江"建设

在20世纪80年代和90年代初期，浙江省内建设的工作重心是改革开放和经济社会发展，从1978年到1995年全国各省份GDP排行可以看出，浙江省自改革开放以来经济建设取得了巨大成就。从改革开放初期"百样生意挑两肩，一副糖担十八变"的民营经济雏形，到现在成为以全国1%的土地、产出全国6%GDP的壮大经济体，在这片10万多平方千米的土地上，从不缺乏经济发展的充沛活力。可浙江也有着"先发的烦恼"——作为资源小省、经济大省，在经济高增长背后，曾经背负着不蓝的天、不清的水、不绿的山。进入90年代，浙江在取得经济快速发展的同时，针对以牺牲环境为代价发展经济的不良后果，1990年浙江省提出"十年绿化浙江"，这是浙江省历史上规模最大的改造自然行动——"十年绿化浙江"，2000年圆满结束，59.4%的森林覆盖率位居全国前茅。与此同时，也获得了经济效益的丰收，540多亿元的林业总产值在全国领先。1996年浙江省人民政府颁布的《浙江省"九五"计划和2010年远景目标纲要》中，明确提出未来五年的省内经济工作的重点开始放在转变经济增长方式、提高增长质量上。要完成高质高量的经济增长目标，就要改变有极限的增长——粗放式的经济增长方式。有效遏制自然恶化和防治工业污染是提高经济增长质量的第一步，在"九五"规划之后也一直成为历次浙江省经济社会发展规划必不可少的内容之一。

在很多省份还在集中精力加紧经济建设的进度时，浙江省已经反思过快的经济建设进度带来的环境负外部效应，并较早制定有明确目标的环境治理计划：重点治理化工、水泥、造纸等污染严重的工业企业，建成100个烟尘控制区，创建100个规范化的饮用水保护区，建设100个生态村镇，治理好100个重点污染源，建成100千米噪声达标区，加强对乡镇工业的污染治理，一些污染严重的企业要关、停、并、转。通过这些具体的整治措施，浙江已经率先开始转变自然资源无限使用的旧观念，开始在实践中探索能维持资源有限前提之下的经济增长。

（二）"绿色浙江"建设

进入21世纪后，坚持生态环境改善，坚持战略创新。首先，提出建设"绿色浙江"的战略思想。2002年浙江省第十一次党代会明确了从单一的生态环境建设到综合的"绿色浙江"建设的转型。张德江同志在报告中指明了建设"绿色浙江"的战略意义以及未来发展方向。2003年，时任浙江省委书记的习近平在代表省委所作的报告中，明确提出了"八八战略"。"八八战略"的重要内容之一是"进一步发挥浙江的生态优势，创建生态省，打造'绿色浙江'"。"绿色浙江"建设的目标是以生态建设、环境保护和节约资源为基础的，它的重心是发展包括生态农业、生态工业和生态服务业在内的生态产业。

此外，"绿色浙江"建设同以往简单的环境保护相比，更加注重环境保护与经济发展的统筹协调发展。生态省建设作为"绿色浙江"打造的主基调和主旋律，它具有以下几个显著特征："一是辩证地看待浙江省情，既看到了浙江省经济快速发展所带来的环境问题，又看到了浙江生态建设和环境保护的优势；二是全面地推进生态省建设，生态省建设比绿色浙江建设具有更大的包容性，已经涉及国家社会生活的各个方面；三是生态省建设需要强大的组织保障，时任浙江省委书记的习近平总书记亲自担任生态省建设领导小组组长，从而保障了各项工作的真正落实。"

与此同时，具有浙江特色的生态文明建设理念也逐步形成。为加快建设"绿色浙江"的生态文明建设目标，习近平在《求是》杂志发文指出："生态兴则文明兴，生态衰则文明衰。"习近平由此也成为首次把文明发展与生态发展统一起来进行哲学分析的第一位领导人。生态文明兴衰论是习近平在深刻总结生态文明发展规律基础上提出的发人深省的具有哲学辩证思维的科学论断，它是立足文明兴衰的高度对"两山理论"的具体和深化解读。从一定意义上讲，它的实质是要达到马克思主义生态观所要求的"生态"和"文明"两个维度的契合，而不仅仅是其中一个方面。2005 年 8 月 15 日，时任浙江省委书记的习近平来到安吉县天荒坪镇余村调研，第一次提出了"绿水青山就是金山银山"的科学论断。同年，浙江省在全国率先出台生态保护补偿制度。

2006 年 3 月 8 日，习近平在中国人民大学的一次演讲中，对这"两座山"之间辩证统一的关系进行了集中阐述。同年，浙江省财政安排 2 亿元资金，对钱塘江源头地区的 10 个市县实行省级财政生态补偿试点。2006 年 5 月 29 日，在浙江省第七次环境保护大会上，习近平强调："破坏生态环境就是破坏生产力，保护生态环境就是保护生产力，改善生态环境就是发展生产力，经济增长是政绩，保护环境也是政绩。"

2007 年 4 月，浙江省委书记赵洪祝以组长的身份主持生态省建设领导小组全体会议，对继续做好生态省建设工作做出部署。在这一年，浙江省环境质量实现了转折性的好转，16 个省级环保重点监管区和准重点监管区全部达标摘帽，主要污染物化学需氧量和二氧化硫的排放量下降率分别居全国第三位和第四位，生态环境监测中名列全国第一。

2008 年，浙江省开始新一轮"811"环保行动，并且至 2010 年底，圆满完成"十一五"环保目标任务，继续保持环境保护能力全国领先、生态环境质量全国领先。

2009 年，浙江省在全国率先出台排污权有偿使用和交易试点相关规定。在全国率先出台跨行政区域河流交接断面水质保护管理考核办法，考核不合格的县市被通报、罚款，并被区域限批。同年，又出台排污权有偿使用和交易试点相关规定。

（三）"生态浙江"建设

在"绿色浙江"的号角吹响浙江大地，浙江生态省建设成为浙江生态文明建设的主基调和主旋律之时，2010 年后浙江省再次提升生态文明建设理念，在生态文明建设上又向前迈进一步——建设"生态浙江"。

2010 年 6 月，浙江省委十二届七次全会开展生态文明建设专题研究，会议总结了浙江生态省建设经验，并最终通过一个标志性文件——《中共浙江省委关于推进生态文明建设的决定》，从而开启了生态浙江建设的新篇章。该《决定》指出，要"打造'富饶秀美、和谐安康'的生态浙江，努力实现经济社会可持续发展，不断提高浙江人民的生活品质"。该《决定》强调坚持生态省建设方略，以深化生态省建设为载体，打造"生态浙江"，努力把浙江省建设成为全国生态文明示范区。同时该《决定》还为浙江未来生态文明的建设提供了新的行动纲领，更加明确了生态浙江建设的发展目标——提高浙江人民的生活品质。与"绿色浙江"相比，"生态浙江"的理念乃是顺应国家发展战略而提出的一种新理念，有着更高的标准，从而使得浙江加大力度来规划和部署浙江生态文明建设。可以说，该《决定》无论是在考核制度、生态文化，还是在其他有关生态文明建设的内容方面均有所阐释，这样就为生态浙江的建设提供了新的发展方向和思路。

在浙江省委省政府大力推动下，"生态浙江"日益深入人心。"浙江生态日"主题宣传活动，生态文明建设漫画展，"生态浙江"主题微博征文比赛，浙江省生态文明教育基地的创建，一个个宣传动员和实际行动促使"生态浙江"的观念逐渐深入人心。

随着现代化进程的推进和人们对小康生活的期盼程度的增加，农村环境问题的解决突出地摆在了党和政府面前。"小康不小康，关键看老乡"，没有农村绿色美丽的画面，更谈不上全国的绿色美丽。因此，美丽乡村建设既是中国生态文明建设的一部分，更是"美丽中国"建设的重要组成部分。于是，2008 年，安吉县打响了中国"美丽乡村"建设的第一枪，2010 年后，美丽乡村建设在浙江省遍地开花。可以说，"美丽乡村"建设既是"美丽中国"在浙江的具体实践，又是社会主义新农村建设的升级版。浙江在践行绿色发展的过程中，特别重视美丽乡村、特色小镇、生态城市建设的无缝对接，形成了各具特色、层次分明的生态文明建设结构。"安吉模式"是"美丽乡村"建设的典型样本。安吉县践行"两山"重要思想是建立在对"两山理论"思想内涵准确把握和科学理解的基础上，建立在"干在实处，走在前列"的浙江精神之上，最终形成了自然的绿水青山，到产业、文化、制度和社会的一座座金山银山，构建了县域生态文明建设的"安吉模式"。

浙江以"美丽乡村"建设为抓手，极大地促进了生态浙江建设的乡村环境的改善。与此同时，浙江还注重生态环境建设的城乡统筹发展，全面创建生态城市，打造绿色低碳的生态城市。在生态城市的全面创建中，浙江极力推进城市森林建设工作，致力于加强园林绿化交流合作，实现公园、风景区等园林资源共享；建立以循环经济为主体的生态产业体系；优先发展现代服务业。

在"生态浙江"新理念的引领下，生态浙江建设取得了突破性的发展。《中国省域生态文明建设评价报告（2011）》显示，在各省份生态文明指数排行榜上，浙江省名列第三。这份报告显示出，在生态浙江建设的道路上，浙江实现了经济与生态双赢的局面。2012 年 6 月，赵洪祝书记在浙江省第十三次党代会中提出"生态立省"方略，在继续坚持生态省建设方略的前提下提出了"生态立省"的论断，更加强了生态文明建设的重要性。大会首次提出要将生态文明贯穿到物质文明和精神文明当中去，贯穿到人民群众的日常生活当中去，并要求将其与人民的思想和生活水平结合起来，这标志着浙江省在继"绿色浙江"建设后，生态文明建设进入了建设"生态浙江"的新阶段。

（四）"美丽浙江"建设

进入新时代，我国的生态文明建设进入全新的发展阶段，美丽中国的建设成为我国生态文明建设的目标追求，生态文明建设已成为关乎国家前途和命运的千年大计。习近平总书记在致生态文明贵阳国际论坛 2013 年年会的贺信中指出："走向生态文明新时代，建设美丽中国，是实现中华民族伟大复兴的中国梦的重要内容。" 党的十九大报告明确指出，要将我国建设成为富强民主文明和谐美丽的社会主义现代化强国。这表明，美丽中国已成为人民、党和国家的共同追求。从某种意义上说，"美丽中国"既与浙江这片美丽的土地有渊源，又指导着以"美丽浙江"为目标的生态浙江建设。习近平担任总书记后，仍然十分关心浙江生态建设发展情况。2013 年，习近平总书记在听取杭州工作汇报时就提到要努力打造美丽中国建设的杭州样本，浙江省理应成为"美丽中国"建设的先行区。

2013 年 1 月，在浙江省建设"美丽城镇""美丽乡村"的号召下，浙江全面进入"美丽浙江"建设新时期，这再次契合"美丽中国"的发展脉搏，也是党的十八大精神的具体实践。11 月，浙江省又做出了在浙江生态文明建设上发挥重要作用的"五水共治"的决策，并为此制定了详细的时间安排计划。2014 年，浙江省委就生态文明建设这个专题开展讨论，并作出了《中共浙江省委关于建设美丽浙江 创造美好生活的决定》。该《决定》指出："建设美丽浙江、创造美好生活，是建设美丽中国在浙江的具体实践，也是对历届省委提出的建设绿色浙江、生态省、全国生态文明示范区等战略目标的继承和提升。"该《决定》是在党的历史新时期作出，是适应"美丽中国"的生态文明建设目标且具体为了建设"美丽浙江"的浙江生态文明建设而谋取的新篇章。因此，该《决定》具有与时俱进的新立意，它基于全国生态文明的整体性而把"山水林田湖是一个生命共同体"的系统思维转变为生态文明建设的指导思想，基于人民群众生态需求的快速增长，把生态文明建设的目标提升到"美丽浙江"建设的高度，基于中国共产党为人民服务的根本宗旨，把创造美好生活作为"美丽浙江"建设的终极目标。从这个意义上说，"美丽浙江"建设对"两富"浙江的建设有着深远的影响。

从建设"绿色浙江"到建设"美丽浙江"，都展示出浙江历届省委对浙江绿色发展之路的高度认同。这也表明浙江一直将绿色发展的"两山理论"融汇于生态浙江的建设过程当中，这些都体现了在党的十八大提出的"美丽中国"建设实践中，浙江"干在实处、走在前列"的历史使命感和责任感。

2014 年，浙江省加快推进"五水共治"，累计清理垃圾河 6496 千米，整治黑、臭河 4660 千米，145 个跨行政区域河流交接断面中Ⅲ类以上断面比例同比上升 3.9%。2014 年 5 月 23 日，浙江省委十三届五次全会通过《中共浙江省委关于建设美丽浙江创造美好生活的决定》。该《决定》指出，建设美丽浙江、创造美好生活，是建设美丽中国在浙江的具体实践，也是对历届省委提出的建设绿色浙江、生态省、全国生态文明示范区等战略目标的继承和提升。要坚持生态省建设方略，把生态文明建设融入经济建设、政治建设、文化建设、社会建设各个方面和全过程，建设"富饶秀美、和谐安康、人文昌盛、宜业宜居的美丽浙江"。同年，浙江省投入美丽乡村建设资金达 208 亿元。到 2014 年底，共开展 6120 个村的农村生活污水治理，受益农户 150 万户；开展农村垃圾减量化资源化处理村 1901 个。浙江省 97% 的村实现生活垃圾集中收集处理，37% 的村实现生活污水有效治理，农村生活污水治理农户受益率达到 42%。2015 年 2 月，浙江省 26 个县集体摘掉"欠发达"的帽子，不再考核 GDP 总量，转而着力考核生态保护、居民增收等内容，同时将坚定不移地践行"绿水青山就是金山银山"的发展理念，加快实现浙江的"绿富美"。

2015 年，浙江省生态公益林补偿标准提高到每亩（1 亩 ≈ 666.67 平方米）30 元，为全国省级最高。各级财政累计投入公益林补偿资金 77.12 亿元，惠及 1.31 万个村级集体组织、2.2 万个护林员和 300 余个国有管护单位，385.1 万户、1300 万余名林农直接受益。2015 年 3 月 24 日，习近平总书记主持召开中央政治局会议，通过了《关于加快推进生态文明建设的意见》，正式把牢固树立"绿水青山就是金山银山"的理念写进中央文件。这一科学论断正在美丽中国落地生根，开花结果。

第四节 浙江省绿色发展政策体系

一、绿色财税支持政策

（一）绿色生产及其体系构建鼓励政策

构建系统的清洁生产政策体系。浙江省坚持依法促进清洁生产，先后颁布《关于推进生态文明建设的决定》和《浙江生态省建设规划纲要》等文件，明确大政方针和重要部署，并印发《浙江省人民政府关于全面推行清洁生产的实施意见》《浙江省清洁生产审核暂行办法》《浙江省清洁生产审核验收暂行办法》《关于全面推行清洁生产审核工作的通知》等规范性政策，构建系统的清洁生产政策法规体系，为进一步推进绿色生产奠定了坚实的政策基础。《浙江省创建绿色企业（清洁生产先进企业）办法（试行）》，对通过清洁生产审核验收、达到示范标准的先进企业，组织实施了绿色企业创建工作，对绿色企业（清洁生产先进企业）授予"浙江省绿色企业（清洁生产先进企业）"荣誉称号。获得"浙江省绿色企业（清洁生产先进企业）"荣誉称号的企业，可享受以下财政政策：

从事具有推广价值的清洁生产、环保产业、资源综合利用、节能节水等符合产业政策重点技改项目以及省级重点技术创新项目，优先给予支持；符合国家有关政策项目（产品）的，积极落实财政、税收优惠政策。

从事具有推广价值的环境污染治理示范工程项目，清洁生产示范项目及废弃物资源化、减量化、无害化示范工程项目的，所报项目经专家评审通过，可按环保资金管理权限优先安排环保贷款和贴息。

对"浙江省绿色企业（清洁生产先进企业）"原则上每三年复查一次，实行动态管理。出现以下情况之一的，取消其"浙江省绿色企业（清洁生产先进企业）"荣誉称号：①发生较大环境污染事故的；②违反环保和资源利用等法律法规或群众反映较大并经查证属实的；③停产、破产的；④弄虚作假或已不具备创建条件的。

绿色制造体系建设鼓励政策如下：

2018 年 5 月 6 日，浙江省经济和信息化委员会关于印发《浙江省绿色制造体系建设实施方案（2018—2020）》的通知，提出全面贯彻落实制造强国建设战略，紧紧围绕制造业资源能源利用效率和清洁生产水平提升，以纺织、服装、皮革、化工、化纤、造纸、橡胶塑料、建材、有色金属加工、农副食品加工、机械、家电、高端装备制造业为浙江省现阶段绿色制造体系建设重点行业方向，力争到 2020 年，累计培育创建 100 个绿色工厂和 10 个绿色园区，开发一批绿色产品，建立若干绿色供应链管理示范企业，鼓励发展一批高水平、专业化的省内第三方评价机构。为了实现上述目标，将加大支持力度：积极争取国家工业转型升级资金、专项建设基金、绿色信贷等相关政策支持浙江省绿色制造体系建设工作。积极组织符合条件的行业龙头企业申报国家绿色制造系统集成项目。各地要将绿色制造体系建设项目列入现有财政资金支持重点，对获得认定的绿色工厂、产品、绿色区、供应链企业给予资金奖励。落实绿色产品政府采购和财税支持政策，引导社会资金积极投入绿色制造领域。

2021 年 12 月 7 日，浙江省人民政府发布《关于加快建立健全绿色低碳循环发展经济体系的实施意见》（以下简称《实施意见》），为浙江实现碳达峰碳中和目标提供制度保障。

《实施意见》结合浙江实际和特色排出实现碳达峰碳中和目标的时间表：到 2025 年，产业结构和能源结构调整优化取得明显进展，资源利用效率大幅提升，基础设施绿色化水平不断提高，绿色技术创新体系更加完善，绿色低碳循环发展的经济体系基本建立；到 2030 年，"绿水青山就是金山银山"转化通道进一步拓宽，美丽中国先行示范区建设取得显著成效；到 2035 年，生态环境质量、资源集约利用、美丽经济发展全面处于国内领先和国际先进水平，碳排放达峰后稳中有降，"诗画浙江"美丽大花园全面建成，率先走出一条人与自然和谐共生的省域现代化之路。

《实施意见》明确提出建立和健全如下绿色低碳循环发展经济体系：以工业转型升级为重点，构建绿色低碳循环发展的产业体系；以清洁能源示范省建设为统领，构建清洁低碳安全高效的能源体系；以循环经济发展为依托，构建覆盖全社会的资源高效利用体系；以绿色低碳发展为方向，构建绿色现代化的基础设施体系；以增强创新活力为核心，构建市场导向的绿色技术创新体系；以数字化改革为牵引，健全绿色低碳循环发展体制机制。

（二）节能减排的奖补政策

继《浙江省人民政府办公厅关于印发浙江省生态环保财力转移支付试行办法的通知》（浙政办发〔2012〕6号）之后，浙江省人民政府办公厅2017年9月12日印发《关于建立健全绿色发展财政奖补机制的若干意见》（浙政办发〔2017〕102号），提出建立健全绿色发展财政奖补机制。

该《意见》指出，完善主要污染物排放财政收费制度。浙江省财政按化学需氧量、氨氮、二氧化硫、氮氧化物等主要污染物年排放总量向各市、县（市）政府收费。该省衢州市开化县、杭州市淳安县从2017年起按每吨5000元收缴，其他市、县（市）2017年按每吨3000元收缴，2018年起按每吨4000元收缴。

此外，从2017年起，浙江省财政对市、县（市）实施单位生产总值能耗财政奖惩制度。各地单位生产总值能耗每比上年降低1个百分点，奖励50万元，其中降幅超过浙江省平均降幅部分，每1个百分点再奖励100万元。各地单位生产总值能耗每比上年提高1个百分点，扣罚100万元。

根据该《意见》，从2017年起，浙江省财政对部分地域出境水水质实行奖惩制度。例如，在衢州市开化县、杭州市淳安县，出境水水质按Ⅰ类、Ⅱ类、Ⅲ类占比，每年每1个百分点分别给予180万元、90万元、45万元奖励，出境水水质按Ⅳ类、Ⅴ类占比，每年每1个百分点分别扣罚90万元、180万元。

除了上述制度外，浙江将在省级以上公益林最低补偿标准30元/亩的基础上，从2017年起，提高主要干流和重要支流源头县以及国家级和省级自然保护区公益林的补偿标准至40元/亩。从2018年起，在浙江省内流域上下游县（市、区）探索实施自主协商横向生态保护补偿机制，到2020年基本建成。

浙江省"十三五"期间严格落实能源"双控"制度，科学合理分配能源"双控"目标，建立能源"双控"目标考核奖惩机制，"十三五"期间累计实施财政奖励资金3.9亿元，财政处罚资金5.4亿元，促进能源资源向高效利用地区倾斜。

（三）开征环境保护税

2017 年 11 月 30 日，浙江省人民代表大会常务委员会关于大气污染物和水污染物适用税额的决定，对浙江省大气污染物和水污染物适用税额为：

大气污染物（除四类重金属污染项目）适用税额为每污染当量 1.2 元，四类重金属污染物项目（铬酸雾、汞及其化合物、铅及其化合物、镉及其化合物）适用税额为每污染当量 1.8 元。

水污染物（除五类重金属污染物项目）适用税额为每污染当量 1.4 元，五类重金属污染物项目（总汞、总镉、总铬、总砷和总铅）适用税额为每污染当量 1.8 元。该决定自 2018 年 1 月 1 日起施行。

（四）推进绿色建筑发展政策

2016 年 9 月 10 日，浙江省人民政府办公厅发布《关于推进绿色建筑和建筑工业化发展的实施意见》，提出大力推进绿色建筑发展，促进建筑产业现代化目标：

实现绿色建筑全覆盖。按照适用、经济、绿色、美观的建筑方针，进一步提升建筑使用功能以及节能、节水、节地、节材和环保水平，到 2020 年，实现浙江省城镇地区新建建筑一星级绿色建筑全覆盖，二星级以上绿色建筑占比 10% 以上。

提高装配式建筑覆盖面。政府投资工程全面应用装配式技术建设，保障性住房项目全部实施装配式建造。2016 年浙江省新建项目装配式建筑面积达到 800 万平方米以上，其中装配式住宅和公共建筑（不含场馆建筑）面积达到 300 万平方米以上；2017 年 1 月 1 日起，杭州市、宁波市和绍兴市中心城区出让或划拨土地上的新建项目，全部实施装配式建造；到 2020 年，实现装配式建筑占新建建筑比例达到 30%。

实现新建住宅全装修全覆盖。2016 年 10 月 1 日起，浙江省各市、县中心城区出让或划拨土地上的新建住宅，全部实行全装修和成品交付，鼓励在建住宅积极实施全装修。为实现上述目标提出财政支持措施。省财政整合政府相关专项资金，支持建筑工业化发展。各地政府要加大对建筑工业化的投入，整合政府相关专项资金，重点支持建筑工业化技术创新、基地和装配式建筑项目建设。对满足装配式建筑要求的农村住房整村或连片改造建设项目，给予不超过工程主体造价 10% 的资金补助，具体补助标准由各设区市政府自行制定。对在装配式建筑项目中使用预制的墙体部分，经相关部门认定，视同新型墙体材料，对征收的墙改基金即征即退。建筑利用太阳能、浅层地热能、空气能的，建设单位可以按照国家和省有关规定申请项目资金补助。

2016 年 9 月 10 日，浙江省人民政府办公厅发布《关于推进绿色建筑和建筑工业化发展的实施意见》，为实现绿色建筑发展目标提出加大金融支持：使用住房公积金贷款购买装配式建筑的商品房，公积金贷款额度最高可上浮 20%，具体比例由各地政府确定。购买成品住宅的购房者可按成品住宅成交总价确定贷款额度。对实施装配式建造的农民自建房，在个人贷款服务、贷款利率等方面给予支持。

（五）生态保护补助政策

通过多年实践，浙江在生态保护补偿、水权交易、排污权交易、矿业权交易等方面进行了市场化改革和实践，并取得了成功经验。尤其是在全面推广排污权有偿使用和交易、生态保护足额补偿、环境损害赔偿与保险等方面，力推市场机制创新，有效激活了资本的生态活力，有力促进了美丽浙江建设，引领地方绿色发展实践。

2018 年 8 月 2 日，为加强和规范农业资源及生态保护补助资金管理，推进资金统筹使用，提高资金使用效率，根据《中华人民共和国预算法》《财政部农业部关于修订〈农业资源及生态保护补助资金管理办法〉的通知》（财农〔2017〕42 号）等有关规定，结合浙江实际，制定了《浙江省农业资源及生态保护补助资金管理实施细则》。

该《细则》中明确了农业资源及生态保护补助资金的来源：由中央财政公共预算安排，并结合浙江实际，用于农业资源养护、生态保护等方面的专项转移支付资金。

该《细则》明确了资金管理：中央农业资源及生态保护补助资金由省财政厅会同省农业厅、省海洋与渔业局（以下简称"省级农口相关部门"）共同管理，按照"政策目标明确、分配办法科学、支出方向协调、绩效结果导向"

的原则分配、使用和管理。

省财政厅负责会同省级农口相关部门分配及下达资金，对资金使用情况进行监督，指导省级农口相关部门开展绩效管理；省级农口相关部门负责相关产业发展规划编制，指导、推动和监督开展农业资源及生态保护工作，会同省财政厅下达年度工作任务（任务清单），做好资金测算、任务完成情况监督、绩效目标制定、绩效监控和评价等工作。市县财政、农口相关部门根据各自职责和省确定的扶持方向、支持重点、绩效目标，具体负责组织项目申报、开展项目遴选、资金分配拨付、督促项目实施等工作，并进一步细化资金和项目管理措施，明确职责分工和工作程序，切实做好项目管理、检查验收、绩效管理和资金使用监管。

资金支出范围：

中央农业资源及生态保护资金主要用于耕地质量提升、渔业资源保护等支出方向。

耕地质量提升支出主要用于支持测土配方施肥、农作物秸秆综合利用等方面。

渔业资源保护支出主要用于支持渔业增殖放流等方面。

中央农业资源及生态保护资金不得用于弥补财政补助单位人员经费、运转经费等预算支出缺口，以及兴建楼堂馆所等与农业资源及生态保护无关的支出。

中央农业资源及生态保护资金的支持对象主要是农民、渔民，新型农业经营主体，以及承担项目任务的单位和个人。

中央农业资源及生态保护资金可以采取直接补助、政府购买服务、贴息、先建后补、以奖代补、资产折股量化、担保补助、设立基金等支持方式，具体由当地财政及农口有关部门根据工作和任务需要自主确定。

该《细则》对资金分配和下达、资金使用和管理、监督检查和绩效评价均作了详细规定。

二、绿色发展价格政策

为进一步贯彻落实《国家发展改革委关于创新和完善促进绿色发展价格

机制的意见》（发改价格规〔2018〕943号）等有关文件精神，浙江省发改委2019年7月12日印发《关于进一步落实绿色发展电价政策的通知》，对有关绿色发展电价政策进行调整：

污水处理企业用电，根据原浙江省物价局《关于对乡镇污水处理厂实行临时优惠电价的函》（浙价资〔2016〕179号）规定，乡镇污水处理厂生产用电暂按照农业生产用电价格执行至2019年底。到期后，恢复原有电价执行，其中对实行两部制电价的乡镇污水处理厂生产用电，免收容量（需量）电费，执行至2025年底。

实行两部制电价的污水处理企业，自2019年1月1日起，免收容量（需量）电费，执行至2025年底。2019年1月1日至本通知发文日之间的容量（需量）电费，由电网企业组织退补。

电动汽车集中式充换电设施及港口岸电设施用电。电动汽车经营性集中式充换电设施用电和港口岸电设施用电继续实行两部制电价，免收容量（需量）电费，执行至2025年底。

海水淡化用电。取消浙江省物价局《关于转发国家发展改革委调整销售电价分类结构有关问题的通知》（浙价资〔2013〕273号）中关于海水淡化用电执行农业生产用电价格的政策。自2019年7月1日起，恢复原有电价执行，其中对实行两部制电价的海水淡化用电，免收容量（需量）电费，执行至2025年底。

沼气发电上网收购价。按照《浙江省人民政府办公厅关于加快发展现代生态循环农业的意见》（浙政办发〔2014〕54号）的有关发展规定，利用畜禽养殖废弃物制取沼气发电上网收购价执行省定光伏电站上网收购价格。近期，国家发展改革委印发《关于完善光伏发电上网电价机制有关问题的通知》（发改价格〔2019〕761号），将浙江省光伏电站上网电价指导价调整为0.55元每千瓦时（含税，下同），已经低于沼气发电原执行的生物质发电项目上网电价。为继续支持畜禽养殖废弃物资源化利用，自2019年7月1日起，利用畜禽养殖废弃物制取沼气发电上网收购价统一调整为沼气发电项目上网电价，即0.666元每千瓦时。

三、绿色金融政策

环境资源同劳动、资本、土地等生产要素一样，是有价值的经济资源。浙江积极推进市场机制创新，充分发挥市场在自然资源、环境资源配置中的决定性作用，在绿色发展中积极利用资本的市场化作用，将生态环境资源推向市场，引导社会资本参与生态环境保护，创新各类环保投融资方式，激发资本在生态治理中的市场活力。

《浙江省绿色制造体系建设实施方案（2018—2020）》提出：发展绿色金融，鼓励金融机构为绿色制造示范企业、园区提供便捷、优惠的担保服务和信贷支持。

2017 年 6 月 14 日，国务院常务会议决定，在浙江等五省（区）选择部分地方，建设各有侧重、各具特色的绿色金融改革创新试验区，在体制机制上探索可复制可推广的经验，推动经济绿色转型升级。浙江省的湖州、衢州列为绿色金融改革创新试验区。

湖州率先打出了绿色金融政策"组合拳"，湖州市政府出台绿色金融"25条"政策，每年投入财政资金 10 亿元，人民银行湖州市中心支行将绿色信贷业绩纳入宏观审慎评估，湖州银监分局建立了绿色银行监管政策，合力推进绿色金融改革创新。

衢州则充分发挥绿色信贷主力军作用，指导银行机构开展"四专机制"建设，将 25% 的新增信贷规模专项用于绿色信贷，加大对绿色产业的支持力度。衢州还积极通过绿色债券、绿色基金、绿色保险等推动绿色发展。

2016 年 9 月 10 日，浙江省人民政府办公厅发布《关于推进绿色建筑和建筑工业化发展的实施意见》，为实现绿色建筑发展目标提出加大金融支持：使用住房公积金贷款购买装配式建筑的商品房，公积金贷款额度最高可上浮20%，具体比例由各地政府确定。购买成品住宅的购房者可按成品住宅成交总价确定贷款额度。对实施装配式建造的农民自建房，在个人贷款服务、贷款利率等方面给予支持。

第五节　浙江省在长江经济带绿色发展中的战略定位

根据 2016 年 9 月 29 日政府常务会议审议通过并颁布的《浙江省参与长江经济带建设实施方案（2016—2018 年）》，浙江省在长江经济带建设中战略定位可以概括为：按照"五位一体"总体布局和"四个全面"战略布局，牢固树立和贯彻落实创新、协调、绿色、开放、共享的发展理念，以"八八战略"为总纲，以"干在实处、走在前列、勇立潮头"为新使命，坚持生态优先、绿色发展，抢抓机遇、主动作为，突出建设舟山江海联运服务中心和义甬舟开放大通道，加快打造长江经济带生态文明建设的先行示范区、陆海联动发展的开放大平台、率先发展的重要增长极和创新驱动转型发展的标杆省份，为长江经济带发展起画龙点睛的战略支撑作用。

一、长江经济带生态文明建设的先行示范区

浙江省以生态优先、绿色发展的原则参与长江经济带建设。通过建立健全严格的生态环境保护和水资源管理制度，注重生态屏障共建，共抓大保护，不搞大开发，协同其他省市打造绿色生态廊道。坚持生态立省、绿色惠民，坚持一切经济活动都以不破坏生态环境为前提，在保护生态的条件下推进发展，实现经济发展与资源环境相适应，走出一条绿色低碳循环发展的道路。为此，浙江省提出了以下一系列的战略措施。

加强长江口海域环境保护和综合治理。深入实施海上"一打三整治"专项行动，推进浙江渔场修复振兴；大力实施蓝色海湾整治行动，开展海岛整治修复工作。强化近岸海域和重点海湾污染防治，加强直排海污染源、沿海工业园区和船舶港口污染监管，实施总氮、总磷总量控制，推进海洋港口岸电设施，抑尘设施，到港船舶污染物接收、转运和处置设施建设。

加强长江支线航道水环境治理和水资源保护。深入实施"十百千万治水大行动"，持续深化"五水共治"。提速建设"百项千亿防洪排涝工程"，切实做好防洪排涝、防灾减灾。全面实施水污染防治行动计划，严格落实河长制，抓好垃圾河、黑臭河治理，整体推进中小流域综合治理，加强水生态

保护。抓好农业和农村污染治理，加大畜禽养殖、种植和水产养殖污染物排放控制力度，严格执行钱塘江、京杭大运河浙江段、浙东运河等河道和太湖、千岛湖等湖泊周边畜禽禁养区制度。实施农村清洁工程，在重要湖泊、水源地以县为单位开展农村环境集中连片综合整治，加快实现农村生活污水处理设施全覆盖。

加强长三角空气污染联防联控。积极参与长三角区域大气污染防治协作机制，推进大气重污染企业关停搬迁，加大清洁能源开发力度。加快国家清洁能源示范省建设，大力推进能源结构调整，实施煤炭消费总量控制、减量替代，推广使用清洁能源，制定实施燃煤电厂清洁排放技术改造三年行动计划，2017年浙江省所有燃煤电厂和热电厂基本实现清洁排放。大力发展循环经济，支持衢州等地创建国家循环经济示范城市。

统筹推进生态环境协同保护。推进浙西南、浙中省级重点生态功能区建设，提高自然保护区、生态公益林等各类禁止开发区域的管护能力，统筹推进生态环境保护、生态经济发展和生态城镇建设，确保主要流域源头地区维持原生态，构筑绿色生态屏障。加大海洋自然保护区、海洋特别保护区建设与管理力度，打造蓝色生态屏障。推进杭州、宁波、湖州、丽水国家生态文明先行示范区建设，开展国家主体功能区建设试点和省重点生态功能区示范区建设试点，推进开展国家公园体制机制创新试点，加快建成生态强省。

二、长江经济带协同发展开放大平台

依托浙江省通江达海的区位优势、丰富的沿海深水岸线、内河航道等资源优势，以及发达的民营经济、信息经济、港口经济，深化长三角协作，加强与中上游省份的合作，强化区域间产业分工，促进产业有序转移和生产要素合理流动，辐射带动长江经济带产业转型升级，形成优势互补、互利共赢的协同发展格局。

打造高效、便捷、低成本的国际物流大通道。以义甬舟大通道为主轴，构建以水陆空多式联运为支撑、绿色智能安全为特征的集疏运体系。推进宁波舟山港与义乌陆港一体化发展，完善中欧班列常态化运行机制，加快国际航运物流中心和长江南岸物流大通道建设。推进"互联网＋"高效物流建设，促进交通物流融合发展，加强与国家交通运输物流公共信息平台、传化公路港、菜鸟物流等重要物流信息平台设施共建共享，提升物流业信息化、标准化、智能化水平，实现物流业转型升级。

推进重大开放平台建设。依托舟山江海联运服务中心、舟山港综合保税区，聚力创建以油品全产业链投资贸易自由化、海洋产业投资贸易便利化以及新型大宗商品储备加工交易中心为主题的舟山自由贸易港区。加快规划建设宁波梅山新区，率先在智能经济、国际航运自由港、国际贸易和金融创新发展、民营经济国际合作等领域探索新的体制机制。深化义乌国际贸易综合改革试点，争取投资贸易便利化政策。加快中国（杭州、宁波）跨境电子商务综合试验区建设，打造"网上丝绸之路"战略枢纽，推进跨境电商海外物流体系建设，促进浙江省传统外贸和制造业企业通过"互联网＋外贸"实现优进优出。优化综合保税区网络布局，支持现有保税区特色化、高端化发展，规划建设宁波等综合保税区。（责任单位：省发展改革委、省商务厅，杭州市政府、宁波市政府、金华市政府、舟山市政府）

加强产业区域分工协作。加快纺织、化纤等传统产业梯度转移，建设湖州省际承接产业转移示范区。积极推进各类开发区（园区）整合提升，打造杭州经济技术开发区、海宁经济开发区、平湖经济技术开发区等长江经济带国家级转型升级示范开发区。推进长三角产业园区共建，发挥浙商投资的成都国际商贸城、阿里巴巴重庆电子商务国际贸易中心等共建园区的示范带动作用，引导、鼓励浙江省大型企业集团与长江中上游地区共建一批产业合作园区，发展"飞地经济"，共同拓展市场和发展空间。

坚持"引进来"和"走出去"同步发展。支持企业"走出去"参与国际产能和装备制造合作，开展实业投资、并购投资等多种形式的对外投资，合作共建产业园区、科技园区和经贸合作区。加强名特优产品出口，在全球逐步打响"浙江制造"品牌。突出高水平"引进来"，创新中外产业合作方式，形成以我为主、项目为重、互利共赢的中外经贸合作新机制。积极推进中外合作产业园建设，支持宁波、温州、舟山分别建设中意产业园、中韩产业园和中澳现代产业园，支持杭州、湖州、嘉兴、绍兴、金华、衢州、台州等地建设一批国际合作产业园。深化浙台经贸合作区建设，加快创建海峡两岸（温州）民营经济创新发展示范区，支持大陈岛申报国家级海峡两岸交流基地。依托浙江省通江达海的区位优势、丰富的沿海深水岸线、内河航道等资源优势，以及发达的民营经济、信息经济、港口经济，深化长三角协作，加强与中上游省份的合作，强化区域间产业分工，促进产业有序转移和生产要素合理流动，辐射带动长江经济带产业转型升级，形成优势互补、互利共赢的协同发展格局。

三、长江经济带陆海联动的重要枢纽

建设国际一流的江海联运综合枢纽港。优化整合、有序开发宁波舟山港深水岸线资源，增强大宗散货和集装箱的海运接卸能力，加快建设江海联运泊位及配套设施。完善港口集疏运体系，加快江海、海铁、海河等多式联运发展，创建宁波多式联运综合试验区，有序推进嘉兴港、湖州港等与宁波舟山港的合作，打通浙北区域衔接长江经济带海河联运通道，努力建成辐射中西部、对接海内外的江海联运综合枢纽港和国际商贸物流枢纽港。

建设国际一流的航运服务基地。依托国家北斗监测中心建设，建立江海联运数据中心和云服务平台，完善江海联运信息与数据服务体系，实现江海联运船舶北斗应用安全、管理、服务一体化。研究设立国家江海运输船舶研发设计中心，加快江海直达船型研制与推广应用，组建规模化江海联运船队。积极发展航运金融与保险、航运咨询信息服务、船舶交易服务、航运运价指数开发等新业态，完善国际海事服务功能，高水平建成国际一流的江海联运航运服务基地。

建设国家大宗商品储运加工交易基地。以油品储备为重点，兼顾铁矿石和粮油储备，推进岙山、黄泽山、大长涂、大榭、外钓等油品储备基地，穿山、衢山鼠浪湖、马迹山等铁矿石储运基地，舟山国际粮油集散中心为主、宁波等地为辅的粮油储备加工基地建设，积极发展商业储备，建成国家重要的大宗商品储备加工基地。统筹建设宁波、舟山大宗商品交易机构，加强大宗商品储备功能与大宗商品交易功能联动，加快建成中国（浙江）大宗商品交易中心，逐步形成具有国际影响力的大宗商品综合交易、结算和定价中心，增强国家经济安全保障能力。

建设我国港口一体化改革发展示范区。创新港航管理、投资建设、港口运营体制机制，在深入推进宁波舟山港实质性一体化的基础上，整合提升其他沿海港口，实现浙江省港口规划、建设、管理"一盘棋"，港航交通、物流、信息"一张网"，港口岸线、航道、锚地资源开发保护"一张图"，加快形成以宁波舟山港为主体、以浙东南沿海港口和浙北环杭州湾港口为两翼、浙中公铁水联运港和义乌国际陆港及其他内河港口联动发展的"一体两翼多联"的港口发展格局。推进海港、海湾、海岛"三海"联动，以宁波舟山港为龙头，加快建设覆盖长三角、辐射长江经济带、服务"一带一路"的港口经济圈。以现代海洋产业为重点，加快推进港产城融合发展。

浙江省在长江经济带中建设具备了出海通道、江海联运重要枢纽、支撑上海国际航运中心功能、战略物资储备与集散、对外开放先行等方面发挥了重要作用，有望成为长江经济带陆海联动发展的开放大平台。其依据是：

区位条件优越。浙江地处我国东南沿海、长江三角洲南翼，东临东海、直面太平洋，西连长江流域和内陆地区，南接海峡西岸经济区，北与江苏、上海为邻，是长江黄金水道和南北海运大通道构成的"T"形宏观格局的交会地带，也是我国伸入环太平洋经济圈的前沿地区。紧邻国际航运战略通道，多条国际航道穿境而过，通江达海，是长江经济带重要出海通道。

港口优势得天独厚。浙江拥有丰富的港口、海岛、岸线资源，海岸线达6696千米，居全国首位；万吨级以上泊位的深水岸线约占全国30.7%。宁波—舟山港区域是我国深水港口资源最丰富的地区，港域内近岸水深10米以上的深水岸线长约333千米，港口建设可用岸线约为223千米，其中尚未开发的深水岸线约为184千米，建设深水港群条件非常理想，是上海国际航运中心的重要组成部分和深水外港。宁波—舟山港是国内发展最快的综合型大港，2012年货物吞吐量达到7.44亿吨，连续4年居世界海港首位，集装箱吞吐量突破1500万标箱，稳居全球前6位，是长江经济带江海河联运重要枢纽。宁波—舟山港区域已建成亚洲最大的铁矿砂中转基地、全国最大的商用石油中转基地、国内沿海最大的液体化工储运基地、全国重要的粮油中转基地、国家石油战略储备基地、华东地区最大的煤炭中转基地，发挥着国内外资源配置和国际要素集散功能，是长江经济带重要战略物资保障区。

2021年浙江省宁波舟山港货物吞吐量达到了122405万吨，排在全国第一，同比增长4.4%，连续13年位居全球第一。

此外，作为我国对外开放早、开放程度高的沿海省份之一，浙江外贸顺差全国最大，境外投资合作位居全国第一，利用外资总量在长江经济带中仅次于江苏，承担着浙江海洋经济发展示范区、舟山群岛新区、义乌国际贸易综合改革试点、温州金融综合改革试验区四项国家战略，有条件继续提升对外开放合作水平，率先接轨国际，服务于长江经济带融入经济全球化。总之，浙江具备了成为长江经济带海上开放门户的基本条件。

四、长江经济带创新驱动转型发展的标杆

打造具有重要影响力的科创中心。高水平建设杭州国家自主创新示范区和宁波"中国制造2025"试点示范城市，系统整合各类创新资源，规划建设杭州城西科创大走廊，努力建成全球领先的信息经济科创中心。支持宁波争创国家自主创新示范区，努力建设在高端装备、新材料等领域具有国际影响力的制造业创新中心。更好发挥环杭州湾地区创新平台优势，对接上海全球科创中心建设，打造高新技术产业密集带。

加快建设高新区和科技城。提升温州、德清、秀洲、绍兴等国家级高新区发展层次，优化省级高新园区空间布局，推动有条件的省级园区创建国家级高新区。支持宁波新材料科技城、嘉兴科技城、舟山海洋科学城、温州浙南科技城、金华国际科技城和台州科技城等建设，加快推进省地理信息产业园（德清）、中关村科技产业园（衢州）、中国核电城（海盐）等重点科技产业园区建设。支持其他设区市加快建设特色鲜明的高能级科创平台，支持科技、产业基础较好的县（市、区）建设全面创新改革试验区，全面提升浙江省的创新能力。

大力发展绿色临港产业。发挥港口、海岛、滩涂等资源优势，科学规划和发展湾区经济，引导、推动宁波、温州、舟山、台州、嘉兴、湖州、绍兴等环杭州湾和沿海地区，承接国际产业转移和吸纳长江流域适宜产能，聚力

发展非化石能源、港口物流、绿色石化、船舶与海洋工程装备、海洋旅游等新型临港产业。重点推动石化企业向临港石化园区集中布局，加快建设具有国际竞争力的宁波国家石化产业基地和舟山绿色石化基地。推动波音飞机完工交付中心项目在舟山落地实施，加快建设台州彩虹无人机产业基地项目。加快推进沿海地区生态围垦，拓宽绿色临港产业发展空间。

突出发展信息经济。大力实施"互联网+"行动计划，加快建成特色明显、全国领先的电子商务、物联网、云计算、大数据、互联网金融创新等产业中心，加快信息化和工业化深度融合国家示范区建设。办好世界互联网大会，推动乌镇互联网创新发展试验区建设，将浙江省打造成为长江经济带信息经济发展先行区。

2021年，浙江省数字经济核心产业增加值突破8000亿元，增长13.3%。2022年被浙江认定为数字化改革"大变样"之年，是全面贯通、集成突破、集中展示之年，也是数字经济系统奋起直追、全面跨越之年。浙江努力打造数字经济"一号工程"升级版，系统化推进数字经济健康发展。浙江提出2022年预期目标：力争数字经济核心产业增加值增长12%，突破9000亿元，核心产业营业收入力争突破3万亿元，培育营业收入超百亿元企业25家。

五、长三角世界级城市群的重要组成

主动加强浙沪合作。推动实施长三角城市群规划，突出重点区域、重点领域、重点项目，深入推进浙沪合作，在更高层次、更广领域加强长三角区域的合作交流。创新浙沪合作模式，打造嘉兴接轨上海示范区和浙沪毗邻地区（嘉善）一体化发展示范区，支持张江长三角科技城（平湖科技园）建设，推动嘉兴接入上海城市轨道交通线网，促进嘉兴机场和上海机场集团合作。积极参与上海国际航运中心建设，主动加强对接，加快开发建设小洋山北侧和大洋山区域，实现优势互补、互利共赢。

突出四大都市区建设。组织实施都市区规划纲要，完善都市区轨道交通体系，加快县域经济向都市区经济转型，着力打造杭州、宁波、温州和金华—义乌四大都市区。杭州都市区扩大G20杭州峰会效应，依托举办2022年亚运会，深入推进都市经济圈转型升级综合改革试点，率先建成现代化国际大都市，加快建设全国高新技术产业基地和国际重要的旅游休闲中心、国际电子商务中心、全国文化创意中心、区域性金融服务中心。宁波都市区加快打造更具国际影响力的港口经济圈和制造业创新中心、经贸合作交流中心、港航物流服务中心。温州都市区加快建设以装备制造业为主的先进制造业基地、以商贸物流为主的现代服务业基地、以时尚产业为主的高效经济产业带、国家重要枢纽港、民营经济创新发展示范区和东南沿海重要中心城市。金华—义乌都市区加快打造丝路枢纽、商贸之都、智造强市、文化名城、宜居福地。适时培育若干以设区市为核心、规模相对较小的都市区，充分发挥都市区优化区域布局、带动浙江省转型升级的主体作用。

积极培育中小城市和中心镇。因地制宜实施"一城数镇""小县大城"建设，大力培育县域城市功能，加快县城人口集聚、产业集中和功能集成，增强社会管理和公共服务能力。加强县城与区域中心城市的融合互动，主动承接中心城市的产业和人口转移。全面实施小城市培育试点三年行动计划，积极开展宁波市、嘉兴市、台州市、义乌市和苍南县龙港镇国家新型城镇化综合改革试点和嘉兴市、德清县、开化县等"多规合一"试点建设，加快嘉善县域科学发展示范点建设，推进湖州市、绍兴市、临安市等8个国家发展改革委中小城市综合改革试点。

第二章　浙江省生态环境保护与绿色发展现状

第一节　浙江省经济社会发展概况

面对国内外风险挑战明显上升的复杂局面，浙江坚持以习近平新时代中国特色社会主义思想为指导，全面贯彻党的十九大和十九届历次全会精神，深入贯彻习近平总书记重要指示批示精神，坚持稳中求进工作总基调，完整准确全面贯彻新发展理念，忠实践行"八八战略"，奋力打造"重要窗口"，争创社会主义现代化先行省，高质量发展建设共同富裕示范区，经济社会发展不断上新台阶，发展质量稳步提升，人民生活福祉持续增进，各项社会事业繁荣发展，生态环境质量总体改善。目前大变局大变革加速演进，机遇与挑战并存，浙江将锚定二〇三五年远景目标，以"十三项战略抓手"实现新突破，率先探索构建新发展格局，率先建设面向全国、融入全球的现代化经济体系，率先推进省域治理现代化，率先推动全省人民走向共同富裕，争创社会主义现代化先行省，努力为全国现代化建设探路。

一、经济综合实力跃上新台阶

根据国家统一初步核算，2021 年全省生产总值为 73516 亿元，突破 7 万亿，再上新台阶，如图 2–1。按可比价格计算，比上年增长 8.5%。分产业看，第一、二、三产业增加值分别为 2209 亿元、31189 亿元和 40118 亿元，比上年分别增长 2.2%、10.2% 和 7.6%，三次产业增加值结构为 3.0：42.4：54.6。人均地区生产总值为 113032 元（按年平均汇率折算为 17520 美元），比上年增长 7.1%。

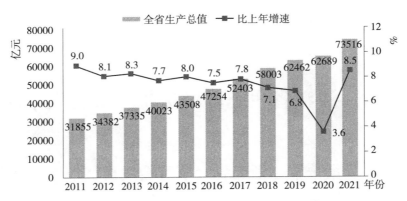

图 2-1　2011—2021 年浙江省生产总值及增长速度

数据来源：2021 年浙江省国民经济和社会发展统计公报公布。

"十三五"时期，浙江地区生产总值（GDP）先后于 2017 年、2019 年跃上 5 万亿元、6 万亿元台阶，2020 年达 6.46 万亿元（9367 亿美元），超过 2019 年居世界第 17 位的荷兰（9091 亿美元），占全国的份额为 6.4%，列广东、江苏、山东之后，稳居全国第 4 位，按可比价计算，"十三五"时期年均增长 6.5%，比全国同期年均增速（5.8%）高 0.7 个百分点，其中，前四年年均增长 7.3%，比全国高 0.6 个百分点；2020 年受新冠肺炎疫情影响增速回落到 3.6%，但明显高于全国 1.3 个百分点，领先优势有所扩大。

二、高质量发展特征明显

（一）经济发展含金量不断提升

财政总收入由 2015 年的 8549 亿元增至 2020 年的 12421 亿元；一般公共预算收入由 4810 亿元增至 7248 亿元，规模居全国第三位，"十三五"时期提升了 2 位，年均增长 8.5%，增速居沪苏浙鲁粤五省市首位。全省居民人均可支配收入由 35537 元增至 2020 年的 52397 元，稳居全国第三位、省区第一位。城镇居民人均可支配收入由 43174 元增至 62699 元，连续 20 年居全国第三位、省区第一位；农村居民人均可支配收入由 21125 元增至 31930 元，连续 36 年居省区第一位。2020 年，全员劳动生产率预计为 16.6 万元 / 人，约是全国的 1.3 倍，按可比价计算，比 2015 年增长 31.1%，年均增长 5.6%。规模以上工业企业营业收入、利润总额分别增至

77695亿元和5545亿元，"十三五"时期年均分别增长6.6%和11.5%。

（二）产业转型升级加快推进

2020年，三次产业增加值比例从2015年的4.1∶47.4∶48.6调整为3.3∶40.9∶55.8。工业增加值增至22654亿元，居全国第3位，工业增加值占全国的比重稳定在7.2%左右。改造提升传统产业，大力培育新兴产业，工业结构迈向中高端。2020年，规模以上工业中，高技术、高新技术、装备制造、战略性新兴产业增加值占比分别提升至15.6%、59.6%、44.2%和33.1%，八大高耗能产业占比降至33.2%。品牌企业和实施"浙江制造"标准企业销售占比由2017年的22.4%提升至2019年的32.3%，标准强省、质量强省、品牌强省正成为经济发展新趋势。数字经济核心产业、旅游、文化及相关特色产业等八大万亿产业不断壮大，增加值占GDP比重由2015年的43.6%提升至2019年的50.7%。

浙江三次产业结构不断得到优化，第一、二占比不断下降，第三产业占比上升，2015年第三产业占比超过第二产业占比，居第一位，见图2-2。三次产业结构由1978年的38.06∶43.42∶18.68不断调整优化为3.0∶42.4∶54.6，第二产业占比相对稳定，低附加值的第一产业不断下降，高附加值的第三产业不断上升。

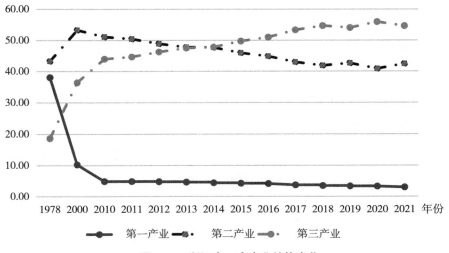

图2-2　浙江省三次产业结构变化

（三）高水平全面建成小康社会胜利在望

根据国家统计局 2019 年修订的《全面建成小康社会统计监测指标体系》，按"国标"（对接全国"十三五"规划统一设定的目标值）测算，浙江全面建成小康社会实现度由 2015 年的 85.8% 提升至 2019 年的 98.7%，居全国前列；按"省标"（对接浙江"十三五"规划设置的高水平目标值）测算，高水平全面建成小康社会实现度由 82.0% 提升至 98.0%。

三、数字经济领跑全国

（一）率先打造创新型省份，科技创新能力居全国第一方阵

2019 年，浙江省科技综合实力居全国第六位，区域创新能力居第五位。2020 年，一般公共预算支出中科技支出 472 亿元，比 2015 年的 251 亿元增长 88.2%，年均增长 13.5%。R&D 经费支出与 GDP 之比由 2015 年的 2.32% 提升至 2.8% 左右；R&D 人员由 36.5 万人年增至 56 万人年左右；科技进步贡献率由 2015 年的 57.3% 升至 2020 年的 65%。发明专利授权量增至 5.0 万件。规模以上工业新产品产值率由 2015 年的 32.2% 提升至 39.0%。2020 年末，拥有国家认定的企业技术中心 131 家（含分中心），有效高新技术企业 2.2 万家，科技型中小企业 6.9 万家，分别是 2015 年的 1.4 倍、3.4 倍和 2.9 倍。加快建设"互联网 +"、生命健康、新材料三大科创高地。之江实验室、西湖实验室、杭州城西科创大走廊等成为有全国影响的科创基地。省级特色小镇集聚大批创业创新人才。2020 年末，101 个创建小镇和 42 个命名小镇共入驻企业 9 万余家，吸纳就业 150 万人。实施"尖峰、尖兵、领雁、领航"计划，形成 73 项自主可控进口替代成果；实施"鲲鹏行动"，新引进培育领军型创新创业团队 35 个。

（二）深入实施数字经济"一号工程"，数字产业融合加快

2019 年，浙江省数字经济增加值由 2015 年的 1.48 万亿元增至 2.7 万亿元，占 GDP 的比重由 34.6% 提升至 43.3%，"三新"经济增加值占 GDP 的比重由 21.2% 提升至 25.7%。2020 年，数字经济核心产业增加值占 GDP 的比重由 2015 年的 7.9% 提升至 10.9%，在役工业机器人 11.1 万台，人工智能产业增加值占规模以上工业的 3.9%。数字赋能助力转型，大数据防疫抗疫、

防汛减灾、助企惠民、城市治理、监管执法效能彰显。联合国大数据全球平台中国区域中心成功落户杭州。

知识密集型和高技术服务业发展迅速。"十三五"时期，服务业增加值由2万亿迈上3万亿台阶，2020年增至3.6万亿元，居全国第四位。知识密集型和高技术服务业发展迅速。2020年，知识密集型服务业增加值超过万亿元，占服务业比重由2015年的30.0%升至35.6%。规模以上服务业中，高技术服务业营业收入初步统计为12037亿元，"十三五"时期年均增长23.9%。

四、新发展格局加速构建

（一）有效投资不断扩大

"十三五"时期，浙江省固定资产投资年度规模均超2万亿元，年均增长8.4%。交通投资、高新技术产业投资、民间项目投资等重点领域投资近几年增速均在两位数以上，2020年受疫情影响增速减缓，交通投资、高新技术产业投资分别比上年增长6.1%和7.4%，高于全部投资增速（5.4%）。房地产市场坚持"房住不炒"定位，开发投资逐年扩大，商品房销售面积由2015年的5985万平方米增至2020年的10250万平方米，"十三五"时期累计销售47620万平方米，为"十二五"时期（23086万平方米）的2.1倍。

（二）消费市场线上线下加速融合

浙江省社会消费品零售总额由2015年的19785亿元增至2020年的26630亿元，稳居全国第四位。2020年，拥有商品实体交易市场3342个，其中十亿级和百亿级市场分别有253个和34个，比2015年（243个和33个）明显增加，2016年义乌小商品城年交易额突破千亿后连年居全国第一，2017年中国轻纺城年交易额又突破千亿。浙江拥有全球最大的中小企业电子商务平台、网络零售平台，网络零售额由2015年的7611亿元增至2020年的22608亿元，稳居全国第二位，跨境电商交易额居全国第二位，淘宝镇和淘宝村数均居全国第一位。

（三）省域开放与合作进一步加强

浙江省率先落实长三角一体化发展国家战略，率先编制实施推进长三角区域一体化发展行动方案，启动长三角生态绿色一体化发展示范区建设，支持嘉善片区建设，有序推进长三角产业合作区规划落实落地、浙沪洋山区域合作开发等重大合作事项，形成全省域全方位参与态势。2020年，浙江地区生产总值占长三角三省一市比重为26.4%，增速比长三角地区高0.2个百分点，对长三角经济增长贡献率由2015年的26.4%提升至28.0%。推动长江经济带生态优先、绿色发展和"共抓大保护、不搞大开发"方面取得突出成效，加速互联互通，高质量促进长江经济带协同发展。

（四）对外开放能级显著提升

浙江省成功承办G20杭州峰会，连续举办多届世界互联网大会，谋划打造"一带一路"枢纽，大力推进义甬舟开放大通道、开发区、自贸试验区等各类开放平台建设，形成全方位、多层次、宽领域的对外开放新格局。进出口总额由2015年的21562亿元（3468亿美元）增至2020年的33808亿元（4879亿美元），其中，进口由4392亿元（705亿美元）增至8628亿元（1247亿美元），出口由17170亿元（2763亿美元）增至25180亿元（3633亿美元），出口占全国的比重由12.1%升至14.0%，出口规模连续十年居全国第三位。机电和高新技术产品出口占出口总额的比重分别由2015年的42.1%和6.1%升至2020年的45.1%和8.1%。2020年，服务贸易进出口总额达4285亿元，居全国第一方阵，是2015年的1.6倍。对"一带一路"沿线国家进出口11576亿元，是2015年的1.7倍，占全省进出口的34.2%。"引进来"和"走出去"双向互动格局形成。利用外资规模扩大。2020年，实际使用外资158亿美元，居全国第5位，"十三五"时期累计656亿美元。"跳出浙江发展浙江"，积极开拓海外市场。至2020年，国外经济合作营业额累计355亿美元，境外直接投资备案额累计679亿美元。开放平台齐发力，助力畅通双循环。中国（浙江）自由贸易试验区在全国率先实现赋权扩区，新增杭州、宁波、金义三个片区。油气全产业链加快形成，2020年，自贸区（舟山）共有油品企业7362家，已建油品储罐库容2907万吨，船用燃料油直供量472万吨，油品进出口预计870亿元，分别是2017年成立时的5.9倍、1.4倍、3.2倍和5.6倍，油品贸易5580亿元，是2018年的2.5倍。宁波舟山港货物吞吐量11.7亿吨，连续12年居全球第一，集装箱吞吐量2872万标箱，连续3年居全球第三。中欧（义新欧）班列实现常态化运行，开行 1399 列，发运 11.6 万标箱，分别是 2015 年的 39 倍和 53 倍。

五、深化改革持续推进

（一）营商环境持续优化，市场主体活力迸发

纵深推进"最多跑一次改革"和政府数字化转型。56 件个人和企业全生命周期事项实现"一件事"全流程办理，全省政务服务办件"一网通办"率达 81.6%。深化"证照分离"改革，企业开办时间压缩至 1 个工作日。以信用为基础的新型监管机制加快建立，国际贸易进出口业务全部实行"单一窗口"办理。一般企业投资项目审批"最多 80 天"改革和低风险小型项目审批"最多 20 个工作日"改革试点大力推进。市场化法治化国际化营商环境不断提升，新生市场主体不断涌现。2020 年，在册市场主体达 803.2 万个，企业 282.0 万家，分别比 2015 年增长 70.5% 和 94.9%。实施"凤凰行动"计划，大力支持企业上市和并购重组。至 2020 末，共有境内上市公司 518 家，数量居全国第 2 位，其中，2020 年新增 62 家，居全国第 1 位。吉利等 5 家企业入围世界 500 强。单项冠军企业 114 家，隐形冠军企业 206 家，"雄鹰行动"培育企业 102 家。

（二）供给侧结构性改革不断深化，减税降费惠企利民

浙江省规模以上工业企业产能利用率由 2015 年的 75.5% 提升至 2019 年的 81.3%，2020 年受疫情影响降至 79.1%，三、四季度分别为 81.0%、82.7%，恢复至疫情前水平。期末资产负债率由 2015 年的 57.2% 降至 2020 年的 54.6%，成本费用利润率由 6.1% 升至 7.6%，每百元营业收入中的成本降至 82.9 元。减税降费系列举措惠及实体经济，其中 2020 年为企业减负达 4800 亿元。规模以上工业企业应交增值税相当于营业收入的比例降至 2.2%。"亩均论英雄"改革成效明显，规模以上工业亩均增加值由 2015 年的 93.9 万元增至 2020 年的 136 万元，亩均税收由 18.7 万元增至 27.5 万元。

（三）浙商民企做大做强，再创高质量发展辉煌

自 2015 年以来，浙江省连续召开世界浙商大会，共谋浙江发展。2020 年，民营经济创造了全省 66.3% 的生产总值、73.9% 的税收、82.1% 的外贸出口、87.5% 的就业岗位和拥有 92.3% 的企业，分别比 2015 年提高 1.3、5.4、8.9、

2.2、2.8 个百分点，民营经济投资占比为 59.8%。诞生了华三通信、海康威视、聚光科技等世界知名的独角兽龙头企业。在 2020 年公布的中国民营企业 500强中，有 96 家浙江企业上榜，连续 22 年居全国第一。国有经济不断优化整合，重要行业和关键领域的带动力和控制力不断提升。2020 年规模以上工业中，国有及国有控股企业数量占 1.8%，创造了 16.3% 的增加值、14.0% 的营业收入和 14.0% 的利润总额。

六、全域美丽初步呈现

（一）高水平完成脱贫攻坚，发展差距逐步缩小

自 2015 年浙江省 26 个欠发达县一次性全部"摘帽"，全面消除家庭人均可支配收入 4600 元以下贫困户后，着力解决"两不愁三保障"、家庭人均年收入 8000 元以下情况、集体经济薄弱村等问题，2020 年实现"三个清零"。持续加大对低收入农户帮扶力度，2018 年低保标准实现城乡同标，2020 年最低生活保障标准达到每人每年 10632 元。低收入农户人均可支配收入近几年呈两位数增长，2020 年比上年增长 14.0%，其中 26 县人均可支配收入增长 15.1%，增幅比全省平均水平高 1.1 个百分点。城乡居民人均可支配收入倍差由 2015 年的 2.07 降至 2020 年的 1.96，为 1993 年以来首次降至 2 以内；11 市人均可支配收入最高与最低市倍差由 1.75 降至 1.64，是全国城乡、区域差距最小的省份之一。

（二）全面实施乡村振兴，农业迈向现代化

深化农业供给侧结构性改革，增加优质绿色农产品供给，农、林、牧、渔业总产值比例由 2015 年的 50.0 ∶ 5.3 ∶ 14.9 ∶ 29.8 调整为 2020 年的 40.7 ∶ 4.6 ∶ 9.8 ∶ 44.9。2020 年，粮食产量达 60.55 亿千克，创近 5 年新高；水产品产量达 617 万吨，水果产量达 760 万吨，与 2015 年相比稳中有升；猪牛羊禽肉产量达 90 万吨。积极建设现代农业园区、特色农业强镇、特色农产品优势区。至 2020 年末，累计创建省级现代农业园区 69 个、特色农业强镇 113 个，省级特色农产品优势区 68 个，建成单条产值 10 亿元以上的示范性农业全产业链 80 条。稳定粮食综合生产和保障能力，严格保护好 810万亩粮食生产功能区。

（三）持续推进"千万工程"，美丽乡村建设走在前列

自 2003 年浙江省实施"千村示范、万村整治"工程以来，基础设施和公共服务不断向农村延伸。至 2020 年底，累计建成美丽乡村示范县 45 个、示范乡镇 500 个、特色精品村 1500 个，新时代美丽乡村达标村 11290 个，农村人居环境整治评测全国第一。农户生活污水得到有效治理，100% 的建制村生活垃圾集中收集处理，农村生活垃圾分类处理建制村覆盖率提升至85%，农村生活垃圾回收利用率达 45%，资源化利用率达 90%，无害化处理率达 100%。农村无害化卫生厕所普及率达 99% 以上，农村规范化公厕 6.4万座。美丽乡村创建先进县（市、区）数量居全国第一。

（四）加快推进区域一体化发展，新型城镇化稳步推进

2016 年，浙江省进一步明确以新型城镇化为主抓手，塑造以四大都市区为主体，海洋经济区和生态功能区为两翼的区域发展格局。2017 年以来，大力推动大湾区大花园大通道大都市区建设，长三角区域中心城市、省域中心城市、县（市）域中心城市、重点镇和一般镇构成的五级城镇体系不断完善。城镇化率由 2015 年的 65.8% 提升至 2020 年的 71% 左右，列广东、江苏之后，居全国各省区第三位。不断加强城镇环境综合整治。人均公园绿地面积由 2015 年的 13.2 平方米增至 2020 年的 14.2 平方米左右，城市污水处理率由 91.3% 提升至 97.3%。2020 年，城市生活垃圾无害化和分类处理率均达 100%，城市用水普及率达 100%，城市燃气普及率预计为 99.1%。全省 11个地级市全部跻身全国文明城市行列。

（五）基础设施覆盖城乡，生产生活更为高效便捷

浙江省水陆空立体交通网络四通八达，更趋完善。货运量由 2015 年的20.1 亿吨增至 2020 年的 30.0 亿吨，港口货物吞吐量由 13.8 亿吨增至 18.5 亿吨。2020 年，全省公路通车里程增至 12.33 万千米，其中高速公路达 5096 千米，实现县县通高速。铁路营业里程增至 3160 千米，其中高铁 1533 千米。民用机场 7 个，2020 年旅客吞吐量 2523 万人。通信基础网络覆盖城乡，技术先进。2020 年，邮政业务总量达 4311 亿元，是 2015 年的 4.3 倍。快递业务量达 179.5 亿件，是 2015 年的 3.7 倍，居全国第二。2020 年末，全部行政村通邮、通电话，光纤网络建制村全覆盖，固定互联网宽带接入用户 2939 万户，其

中光纤宽带接入用户 2693 万户。移动电话用户 8585 万户，使用 3G、4G、5G 移动电话用户 8577 万户。能源生产保障供给，安全可靠。6000 千瓦及以上发电装机容量由 2015 年的 7659 万千瓦提升至 2020 年的 8846 万千瓦。年发电量由 2015 年的 2905 亿千瓦时增至 2020 年的 3384 亿千瓦时。能源供给不断智能化、清洁化，"多气源、一环网"的天然气网络初步形成。防台防洪排涝等水利工程加快建设，城乡水利设施不断改善，农村自来水普及率接近 100%。

七、社会事业全面进步

（一）教育事业进入崭新发展阶段

浙江省认真贯彻科教兴省、教育强省、人才强省战略，优先发展教育事业，建设覆盖城乡的学前教育公共服务体系，促进义务教育优质均衡发展，推进高中阶段学校多样化发展，完善职业教育、技工教育体系，实施高教强省战略，加快发展"互联网＋教育"，完善终身学习体系，建设学习型社会。2020 年，普惠性幼儿园覆盖率达到 88.8%，学前 3 年到高中段 15 年教育普及率在 99% 以上。高等学校由 2015 年的 108 所增至 110 所，在校学生由 105.5 万人增至 125.9 万人，研究生由 6.4 万人增至 11.0 万人；毕业学生由 28.1 万人增至 31.0 万人；高等教育毛入学率由 56% 升至 62.4%。

（二）文化软实力不断提升

浙江省文化及相关特色产业增加值于 2016 年、2018 年分别突破 3000 亿元、4000 亿元大关，2020 年增至 4900 亿元，占 GDP 的 7.6% 左右。文化设施基本实现城乡全覆盖，2020 年，有县级以上公共图书馆 105 家，文化馆 101 个，文化站 1378 个，博物馆 376 个，农村文化礼堂 17804 家。县级文化馆和图书馆覆盖率均达 100%，乡镇文化站和行政村文化活动室覆盖率均达 100%，公共图书馆虚拟网络基本全覆盖。文化保护不断加强，2019 年良渚古城遗址申遗成功，全省世界遗产增至 4 处。农业文化遗产挖掘保护进一步强化，中国重要农业文化遗产 12 个，总量位居全国第一。文艺创作活跃，至 2020 年末，图书出版社 14 家，出版期刊 235 种，公开发行报纸 66 种，出版规模和出版物品种居全国前列，人民群众精神生活日益丰富。

（三）体育事业蓬勃发展

2020 年，浙江省人均体育场地面积由 2015 年的 1.6 平方米增至 2.4 平方米，经常参加体育锻炼人数比例由 35.8% 升至 42%，城乡居民国民体质合格率由 90.4% 增至 93.5% 以上。至 2020 年，有省级全民健身中心 33 个、中心村全民健身广场（体育休闲公园）798 个、社区多功能运动场 1087 个。国家体育产业示范基地（运动休闲示范区）9 个、体育旅游示范基地 1 个、国家级运动休闲特色小镇 3 个。省级运动休闲基地 20 个、运动休闲旅游示范基地 34 个。创建国家级高水平体育后备人才基地 18 个，省级各类高水平体育后备人才基地 50 个。

（四）健康浙江循序推进

浙江省卫生服务体系逐步完善。全省卫生机构由 2015 年的 3.1 万家增至 2020 年的 3.4 万家（含村卫生室），医疗机构床位由 27.3 万张增至 35.6 万张，卫技人员由 40.5 万人增至 53.9 万人，其中执业（助理）医师由 15.8 万人增至 21.5 万人。人民健康水平不断提高。平均预期寿命由 2015 年的 78.3 岁提高到 2020 年的 79.2 岁，在国内仅居北京和上海之后，相当于中高收入国家水平。至 2020 年，孕产妇死亡率降至 0.04‰，婴儿死亡率降至 2.0‰，5 岁以下儿童死亡率降至 3.0‰。公共卫生突发事件应急能力提升。法定报告传染病发病率由 2015 年的 1.9324‰ 降至 2019 年的 1.7502‰。2020 年，面对新冠肺炎疫情，浙江防范举措有力，遏制疫情蔓延有效，诊治病患得力，有力保护了群众生命安全和身体健康，为全国提供了浙江方案。

八、美好生活更加殷实

（一）居民收入稳步增长

2020 年，浙江省居民人均可支配收入比 2015 年名义增长 47.4%，扣除价格因素实际增长 31.6%，年均实际增长 5.6%。城镇、农村居民人均可支配收入分别比 2015 年名义增长 43.4% 和 51.2%，实际增长 28.3% 和 34.3%，年均实际增长 5.1% 和 6.1%。居民收入来源日趋多元，工资性收入、经营净收入、财产性收入、转移净收入分别占人均可支配收入的 57.4%、15.9%、11.7% 和 15.1%。

（二）消费方式更加多样

浙江省居民人均消费支出由 2015 年的 24117 元增至 2020 年的 31295 元，城镇、农村居民人均消费支出分别由 28661 元和 16108 元增至 36197 元和 21555 元。城乡居民恩格尔系数由 2015 年的 28.9% 降至 2019 年的 27.9%，2020 年升至 28.5%。居住、医疗保健消费支出占居民家庭人均消费支出的比重分别升至 28.8% 和 6.2%，因疫情影响出行、出游，交通通信（13.7%）、教育文化娱乐（9.2%）消费支出占比略有下降。城镇、农村居民人均居住面积分别由 41.5 平方米和 61.3 平方米增至 46.7 平方米和 66.9 平方米。2020 年末，每百户居民家庭拥有汽车 48.2 辆，是 2015 年的 1.2 倍；拥有计算机 73.7 台，其中接入互联网的计算机 65.7 台；拥有移动电话 247.9 部，其中接入互联网的移动电话 211.5 部，是 2015 年的 1.8 倍。

（三）就业社保全面提升

"十三五"时期，浙江省城镇新增就业人数累计达 606 万人，超额完成规划目标任务（400 万人）。2020 年末，全社会就业人员由 2015 年的 3734 万人增至 3920 万人，平均每年净增近 40 万人；城镇登记失业率从 2.93% 降至 2.79%。城镇调查失业率均控制在 4.5% 左右，2020 年四季度为 4.3%，低于全国。社会保障覆盖面不断扩大。基本养老保险参保人数增至 4355 万人，参保率达 98.4%；基本医疗保险参保人数增至 5557 万人，参保率达 99.8%；失业保险、工伤保险参保人数分别增至 1688 万人和 2547 万人。低收入群体获得感稳步提升。"十三五"时期，最低生活保障标准年均增长 8.9%，高于居民收入年均增速 0.8 个百分点，最低工资标准由 1860 元提升至 2010 元。

九、社会治理显著提升

（一）法治浙江、平安浙江建设走在前列

浙江省以政府数字化转型推动省域治理体系和治理能力现代化，打造"整体智治、唯实唯先"的现代政府。2020 年，"浙里办"用户超过 5500 万，"浙政钉"用户数达 141 万，初步建成"掌上办事之省""掌上办公之省"。不断健全法制和公共安全体系，行政复议机构和行政争议调解中心率先实现省市县三级全覆盖。每万人拥有律师数从 2015 年的 2.8 人增至 2020 年的 4

人以上。2020 年，各类生产安全发生事故起数和死亡人数分别比上年下降 22.0% 和 22.2%，已连续 17 年"双下降"。亿元生产总值安全事故死亡率降至 0.016 人。道路运输发生事故起数和死亡人数分别比上年下降 25.1% 和 22.6%。群众安全感满意率提升至 97.25%，连续 17 年居全国前列，被认为是最具安全感的省份之一。

（二）统筹疫情防控和经济社会发展取得重大战略成果

浙江省毫不松懈抓好疫情防控，创新实施"一图一码一指数"精密智控机制，建立完善"人""物"同防工作闭环，率先有力有效控制疫情。全力以赴保障口罩、医用防护服等防疫物资供应，全面完成国家调拨指令。率先推进复工复产，到 2020 年 3 月末制造业产能恢复上年同期水平，稳妥有序推进复市复课复游，经济实现"二季红、半年正、三季进、全年赢"。

十、生态文明建设硕果累累

（一）美丽浙江建设取得新成就

浙江省坚持不懈践行绿水青山就是金山银山理念，坚定不移实施生态省方略，扎实推进美丽浙江建设，拓展两山转化通道。至 2020 年末，累计建成国家"绿水青山就是金山银山"实践创新基地 8 个、国家生态文明建设示范市 1 个、国家生态文明建设示范县（市、区）24 个，数量居全国前列。2018 年，"千万工程"获联合国地球卫士奖。2019 年，浙江通过生态环境部组织的国家生态省建设试点验收，建成全国首个生态省，绿色发展指数仅次于北京、福建居全国第三位。生态环境质量公众满意度连续 9 年提升。

（二）高标准打赢污染防治攻坚战

浙江省大力推进治水、治气、治土、治废、治城、治乡，山更绿、地更净、水更清、天更蓝。"十三五"前 4 年，化学需氧量、氨氮、二氧化硫和氮氧化物等主要污染物排放量累计下降 18% 以上，提前完成规划目标任务。2019 年，单位耕地面积化肥使用量降至 365 千克 / 公顷。2020 年，森林覆盖率上升至 61.15%（含灌木林），居全国前列。省控断面Ⅲ类以上水质比例升至 94.6%，连续 4 年无劣Ⅴ类水质断面。11 个设区城市环境空气 PM2.5 浓度平均降至 25 微克 / 米 ^{3}，比 2015 年下降 22 微克 / 米 ^{3}，空气质量（AQI）优良天数比例升至 93.3%，比 2015 年提高 9.5 个百分点。

（三）加快建设资源节约型社会

2020 年，浙江省万元 GDP 能耗由 2015 年的 0.45 吨标准煤降至 0.37 吨标准煤。非化石能源占一次能源消费比重由 2015 年的 16% 提升至 2019 年的 19.5% 以上。2020 年，万元 GDP 用水量降至 25.3 立方米，"十三五"时期累计下降 37.1%。坚守耕地红线，基本实现耕地总量动态平衡和占补平衡。

第二节　浙江省生态环境保护现状

一、"十三五"期间生态环境保护进展

"十三五"期间，浙江省以习近平生态文明思想为指导，积极践行"绿水青山就是金山银山"理念，全面贯彻党中央、国务院关于生态文明建设和生态环境保护的决策部署，以改善环境质量为核心，深入实施生态文明示范创建行动计划，全面打好污染防治攻坚战，统筹推进生态文明体制改革，大力推进环境风险防范、生态保护修复、治理能力建设，全省生态环境质量持续改善，公众生态环境满意度持续提升，生态环境保护取得显著成效。

一是污染防治攻坚战取得阶段性胜利。全面打响蓝天、碧水、净土、清废四场战役，国家"大气十条""水十条"考核持续保持优秀，环境空气质量在长三角区域率先实现全省达标。2020 年，设区城市细颗粒物（PM2.5）平均浓度为 25 微克 / 米 ^{3}，日空气质量优良天数比率达到 93.3%，比 2015 年分别降低 43.2% 和提高 9.5 个百分点，50 个县级以上城市建成清新空气示范区。全省地表水断面Ⅰ—Ⅲ类比例达到 94.6%，比 2015 年提高 21.7 个百分点，提前 3 年完成消除劣Ⅴ类水质断面任务。近岸海域水质总体稳中有升，一、二类海水比例较 2015 年大幅提升，四类和劣四类比例大幅下降。在全国首个完成农用地土壤污染状况详查，高质量完成重点企业用地详查。超额完成受污染耕地、污染地块安全利用率目标和重点行业重点重金属污染减排目标，台州市土壤污染综合防治先行区建设走在全国前列。在全国首个出台农村污

水处理设施管理条例，提前 3 年完成 1.3 万个行政村环境整治任务。在全国率先开展全域"无废城市"建设，构建覆盖全领域的固废处置监管制度体系，危险废物处置能力缺口基本补齐。全省化学需氧量、氨氮、二氧化硫和氮氧化物四项主要污染物总量控制超额完成"十三五"减排目标任务，单位生产总值二氧化碳排放量持续下降。"十三五"规划各项主要指标顺利完成。

二是生态文明示范创建走在前列。以生态文明示范创建为抓手，持续推进"811"美丽浙江建设行动，建成全国首个生态省，"千万工程"获得联合国"地球卫士奖"，成功承办联合国世界环境日全球主场活动，"美丽浙江"影响力显著提升。稳步推进部省共建美丽中国示范区建设，首个发布省域美丽建设规划纲要，实现全省生态环境公众满意度连续 9 年上升，建成国家级生态文明建设示范市县，"绿水青山就是金山银山"实践创新基地个数居全国第一。

三是绿色发展基础不断夯实。不断推动形成绿色产业布局、产业结构和生产方式，制定实施国家重点生态功能区产业准入负面清单，绿色发展指数位居全国前列。积极服务大湾区、大花园、大通道、大都市区建设，先后发布实施《浙江省环境功能区划》《浙江省生态保护红线》《浙江省"三线一单"生态环境分区管控方案》，在全国率先形成覆盖全省的生态环境空间管控机制。通过治污倒逼转型升级，"十三五"累计淘汰改造燃煤小锅炉 2.5 万台，淘汰工业企业落后和过剩产能涉及企业 9503 家。以国家清洁能源示范省建设为抓手，强力推进能源消费总量和强度"双控"制度，在全国率先完成煤电超低排放改造。率先制定出台《浙江省温室气体清单管理办法》，对省市县三级清单相关活动实施统一管理和监督。

四是生态安全保障持续增强。推进国家公园体制试点，自然保护地体系建设不断提升，生物多样性保护水平不断提高，到 2020 年，累计建成省级以上自然保护区、森林公园、风景名胜区、湿地公园、地质公园、海洋特别保护区（海洋公园）310 个，受保护地面积显著增加。划定并严守生态保护红线。设立淳安特别生态功能区。统筹推进山水林田湖草系统保护修复，实施了一系列湿地、矿山、河湖等生态系统整治和修复工程，生态系统功能得到有效提升，全省生态环境状况指数连续多年保持全国前列。建成覆盖省市县三级的应急预案体系，建成省级社会化环境应急储备中心及专业环境应急处置队伍。核与辐射安全得到全面保障。"十三五"以来，全省未发生较大以上突发环境事件。

五是环境治理现代化加速推进。以"最多跑一次"改革为牵引，重点领域和关键环节制度建设不断取得新突破。省级以上各类开发区和省级特色小镇基本实现"区域环评＋环境标准"改革全覆盖。建立省市县乡四级全覆盖的生态环境状况报告制度，在全国率先实现省市县乡村五级河长全覆盖，率先实现省级层面公检法机关驻环保联络机构全覆盖，环境执法力度持续保持全国前列。建立生态环境损害赔偿制度，成立全国首家环境损害司法鉴定联合实验室。建立长三角区域大气和水污染防治协作机制，完善跨界环境处置和应急联动协调机制。推进环境监管能力建设和环保数字化转型，大气复合立体监测体系已基本形成，跨行政区域河流交接断面全面实现水质自动监测，布设完成全省国家网土壤监测网络和全省国控辐射环境空气自动监测网络，率先建设并应用浙江环境地图和生态环境保护综合协同管理平台。

二、"十四五"之生态环境保护预期

2021年是"十四五"规划的开局之年，2022年3月17日，浙江省十三届人大常委会第三十五次会议听取并审议省政府关于2021年度全省环境状况和环境保护目标完成情况的报告。报告显示，浙江省深入贯彻落实习近平生态文明思想，坚定沿着"绿水青山就是金山银山"之路，坚持科学治气、精准治水、依法治土、全域清废、全面治塑，稳步推进碳达峰碳中和，着力强化生物多样性保护和生态修复，闭环开展环保督察整改，加快推进生态文明领域改革，深入实施环保服务高质量发展工程，高质量完成国家下达的各项指标任务，国家污染防治攻坚战成效考核连续2年优秀，"十四五"生态环境工作实现良好开局。全省生态环境质量持续改善，继续走在全国前列。

（1）水环境质量方面。2021年，全省地表水总体水质为优，158个国控断面中Ⅰ–Ⅲ类水质断面占96.2%，首次跃居全国第5，位居华东地区第1。国控和省控均无Ⅴ类和劣Ⅴ类水质断面。设区城市和县级以上城市集中式饮用水水源地水质达标率均为 100%。近岸海域水质持续向好，一、二类优良水质比例为 46.5%，比"十三五"均值上升 12.6 个百分点。

（2）空气环境质量方面。全省 11 个设区城市细颗粒物（PM 2.5）平均浓度为 24 微克／米^3，比 2020 年下降 4%。空气质量优良天数比率为 94.4%，比 2020 年上升 0.8 个百分点。66 个县级以上城市 PM 2.5 平均浓度为 23 微克／米^3，比 2020 年下降 4.2%，空气质量优良天数比率为 96.9%，比 2020 年上升 0.5 个百分点。

（3）固体废物处置方面。全省已建成危险废物集中利用处置项目 230 个，利用处置能力达到 1207 万吨／年。全省共有焚烧和餐厨垃圾处理设施 137 座，总处理能力为 9.8 万吨／日，保持生活垃圾总量"零增长"、处理"零填埋"。

（4）浙江生态环境状况指数持续保持全国前列。11 个设区市中，9 个为优，2 个为良。省统计局民意调查显示，去年全省生态环境质量公众满意度总得分为 85.81 分，比 2020 年提高 1.13 分，连续 10 年保持上升态势。

三、浙江生态环境保护现实问题

尽管浙江省省生态环境保护工作取得积极成效，但仍面临一些深层次问题。

（1）绿色低碳发展水平有待进一步提升。省内结构性、行业性污染仍然较为突出，生态环境保护和经济发展协调性仍有较大提升空间。能源清洁低碳化水平有待进一步提升，以煤炭为主的能源结构尚未根本改变，天然气等清洁能源的供应能力和利用规模依然偏低，产业低碳转型进程有待加快，二氧化碳排放提前达峰面临较大压力。交通运输结构有待进一步优化，铁路、水路运输的比较优势有待进一步发挥，柴油货车运输仍是货运主要方式。产业生态化水平仍然不高，以纺织、皮革、造纸、橡塑、金属制品等为代表的传统制造业投入产出效益总体偏低。

（2）生态环境质量改善成效尚不稳固。全省区域、流域间水质差异较大，部分平原河网水质仍为轻度污染，小微水体治理存在薄弱环节，杭州湾等重要海湾水质较差。部分河道生态流量不足、岸线硬质化普遍，水生态健康水平不高。特殊气象条件下，蓝藻异常增殖现象仍有发生，影响饮用水安全。空气质量持续改善难度加大，环杭州湾区域臭氧（O_3）超标天次比例较高，成为影响城市环境空气质量改善的首要污染物。全省受污染耕地占比不高，但绝对数不小，需修复的污染地块和土壤污染重点监管单位数量分别占全国总数的1/10，部分园区和企业地下水污染问题凸显，土壤和地下水污染"防控治"压力较大，而相应的工作基础和技术力量比较薄弱，管控和治理水平亟待提升。固体废物处置能力仍有不足，工业固体废物资源化利用水平有待提升，生活垃圾和建筑垃圾处理能力不平衡，处置水平有待提升。

（3）生态环境风险隐患不容忽视。生态系统质量和稳定性有待提升，生态空间遭受挤占，局部地区自然生态系统出现退化。山水林田湖草保护和修复系统性不足。生物物种资源本底调查尚不全面。生物多样性保护存在空缺区域，部分特有物种、遗传资源等尚未建立相关保护地，保护力度不够。外来生物入侵危害普遍存在，对全省生物多样性构成威胁。全省风险源企业数量多，涉危险化学品风险源布局性风险突出。核设施和放射源安全管控压力大。

（4）生态环境治理体系和治理能力亟须加强。生态文明领域统筹协调机制仍需完善，各级各部门"管发展必须管环保、管行业必须管环保、管生产必须管环保"的责任体系有待健全。生态环境保护的陆海统筹、区域协调机制有待建立完善，环境污染问题发现机制仍需进一步落地见效。生态环境保护相关的地方法规标准仍不完善，土壤污染防治、生态环境监测等领域地方立法存在空白，农业面源、污染地块、挥发性有机物等环境治理重点领域缺乏技术标准。环境治理的市场手段和社会参与程度仍然偏弱，资源环境产权制度尚不健全，资源、能源价格机制有待进一步完善，资源环境的市场配置效率有待进一步提高。环境基础能力保障仍显不足，环境风险管控和应急能力建设比较薄弱，环保执法队伍建设、监管能力、管理手段亟须提升，现代信息技术在环境治理领域的应用有待进一步加强。

第三节 浙江省绿色发展状况

一、浙江省绿色发展整体水平

生态环境已经成为经济发展的内生变量，绿色发展已经成为我国解决新时代社会主要矛盾，实现高质量发展的重要途径。浙江省生态环境治理和保护，践行绿色发展理念走在全国的前列。

（一）中国绿色 GDP 绩效评估报告

2017 年，由华中科技大学国家治理研究院院长欧阳康领衔的"绿色 GDP 绩效评估课题组"与中国社会科学出版社、《中国社会科学》杂志社 11 日联合发布了《中国绿色 GDP 绩效评估报告（2017 年全国卷）》（后简称《报告》）。《报告》指出，部分省市自治区的绿色发展绩效指数、绿色 GDP、人均绿色 GDP 三项指标，均开始超越该省（市、自治区）的 GDP、人均 GDP 传统评价指标，相比 2014 年，2015 年 31 个省（市、自治区）绿色 GDP 增幅超越 GDP 增幅的平均值，为 2.62%，人均绿色 GDP 增幅超越 GDP 增幅的平均值，为 2.31%，这意味着绝大部分省份已开始从根本上转变经济发展方式。

《中国绿色 GDP 绩效评估报告（2017 年全国卷）》不同于以往采用 GDP、人均 GDP 或者任一个单一指标来评价某一地方经济社会发展水平的做法，而是通过综合运用 GDP、人均 GDP、绿色 GDP、人均绿色 GDP、绿色发展绩效指数 5 个指标，全面科学评估各省（市、自治区）经济发展实际情况，尤其是资源、能源、环境消耗情况和投入产出比例，盘点当前中国绿色发展实际情况，为当代中国经济发展和产业结构转型提供科学依据。

该《报告》是由高校智库公开发布的首个全国性绿色 GDP 绩效评估报告，《报告》对中国 31 个省区市的绿色 GDP（国内生产总值）绩效进行了排名。

2015 年中国绿色发展绩效指数排名前十的依次是浙江、上海、广东、北京、江苏、重庆、天津、西藏、福建、山东，其中浙江、上海、广东、北京、江苏、天津、福建、山东的人均 GDP 也位居前十名。

此外，《报告》还对各地的"绿色 GDP"进行了测算。《报告》指出，绿色 GDP= 该地区国内生产总值—能源消耗—环境损耗—生态损耗，据此得出的 2015 年绿色 GDP 前十名依次是广东、江苏、山东、浙江、河南、湖北、四川、河北、湖南、福建；人均绿色 GDP 前十名依次是天津、北京、上海、江苏、浙江、广东、福建、内蒙古、山东、辽宁。

该《报告》显示，浙江省的绿色发展绩效指数、绿色 GDP、人均绿色 GDP 均名列前茅，处于全国先进水平。2018 年发布《中国绿色 GDP 绩效评估报告（2018 年全国卷）》显示，全国绿色发展绩效指数浙江省排名第二，仅次于上海；人均绿色 GDP 排名第六，居其前五位的依次是在北京、上海、天津、江苏、广东；绿色 GDP 排名第四，居其前三位的依次是广东、江苏、山东。

根据《报告》中 2016 年全国内陆 31 个省（市、自治区）绿色发展五项指标排名整理出长江经济带 11 个省市的排名情况，如表 2-1 所示，在长江经济带中，浙江省绿色发展绩效指数仅次于上海居第二位，人均绿色 GDP 仅次于上海和江苏居第三位，绿色 GDP 仅次于江苏居第二位，人均 GDP 仅次于上海和江苏居第三位，GDP 仅次于江苏居第二位。

表 2-1 2016 年长江经济带 11 个省市绿色发展五项指标排名

（绿色发展绩效指数先后顺序）

地区	绿色发展绩效指数	人均绿色 GDP	绿色 GDP	人均 GDP	GDP
上海	1	1	6	1	6
浙江	2	3	2	3	2
重庆	3	4	9	4	9
江苏	4	2	1	2	1
湖北	5	5	3	5	4
四川	6	9	4	9	3
江西	7	8	8	8	8
安徽	8	7	7	7	7
贵州	9	10	11	10	11
湖南	10	6	5	6	5
云南	11	11	10	11	10

（二）生态文明建设年度评价

2017 年 12 月 26 日，国家发展改革委、国家统计局、环境保护部、中央组织部联合公布了按照《绿色发展指标体系》《生态文明建设考核目标体系》要求,对 2016 年各省、自治区、直辖市生态文明建设的年度评价结果。如表 2-2 所示,绿色发展指标体系包括资源利用、环境治理、环境质量、生态保护、增长质量、绿色生活、公众满意程度等 7 个方面,其中,前 6 个方面的 55 项评价指标纳入绿色发展指数的计算;公众满意程度调查结果进行单独评价与分析。

　　浙江省的资源利用、环境治理、环境质量、生态保护、增长质量、绿色生活指数和公众满意程度 7 项指标中,评价结果及排名依次是:资源利用(85.87,5)、环境治理(84.84,4)、环境质量(87.23,12)、生态保护(72.19,16)、增长质量(82.33,3)、绿色生活(77.48,5)和公众满意程度(83.78,9),如表 2-2 和表 2-3 所示。浙江省绿色发展指数排名贡献大的指标为增长质量、环境治理、资源利用和绿色生活,贡献小今后亟待改善的指标为生态保护、环境质量和公众满意程度。

表 2-2　　　　　　　　　　2016 年生态文明建设年度评价结果

地区	绿色发展指数	资源利用指数	环境治理指数	环境质量指数	生态保护指数	增长质量指数	绿色生活指数	公众满意程度(％)
北京	83.71	82.92	98.36	78.75	70.86	93.91	83.15	67.82
天津	76.54	84.4	83.1	67.13	64.81	81.96	75.02	70.58
河北	78.69	83.34	87.49	77.31	72.48	70.45	70.28	62.5
山西	76.78	78.87	80.55	77.51	70.66	71.18	78.34	73.16
内蒙古	77.9	79.99	78.79	84.6	72.35	70.87	72.52	77.53
辽宁	76.58	76.69	81.11	85.01	71.46	68.37	67.79	70.96
吉林	79.6	86.13	76.1	85.05	73.44	71.2	73.05	79.03
黑龙江	78.2	81.3	74.43	86.51	73.21	72.04	72.79	74.25
上海	81.83	84.98	86.87	81.28	66.22	93.2	80.52	76.51
江苏	80.41	86.89	81.64	84.04	62.84	82.1	79.71	80.31
浙江	82.61	85.87	84.84	87.23	72.19	82.33	77.48	83.78
安徽	79.02	83.19	81.13	84.25	70.46	76.03	69.29	78.09
福建	83.58	90.32	80.12	92.84	74.78	74.55	73.65	87.14
江西	79.28	82.95	74.51	88.09	74.61	72.93	72.43	81.96
山东	79.11	82.66	84.36	82.35	68.23	75.68	74.47	81.14

续表

地区	绿色发展指数	资源利用指数	环境治理指数	环境质量指数	生态保护指数	增长质量指数	绿色生活指数	公众满意程度（%）
河南	78.1	83.87	80.83	79.6	69.34	72.18	73.22	74.17
湖北	80.71	86.07	82.28	86.86	71.97	73.48	70.73	78.22
湖南	80.48	83.7	80.84	88.27	73.33	77.38	69.1	85.91
广东	79.57	84.72	77.38	86.38	67.23	79.38	75.19	75.44
广西	79.58	85.25	73.73	91.9	72.94	68.31	69.36	81.79
海南	80.85	84.07	76.94	94.95	72.45	72.24	71.71	87.16
重庆	81.67	84.49	79.95	89.31	77.68	78.49	70.05	86.25
四川	79.4	84.4	75.87	86.25	75.48	72.97	68.92	85.62
贵州	79.15	80.64	77.1	90.96	74.57	71.67	69.05	87.82
云南	80.28	85.32	74.43	91.64	75.79	70.45	68.74	81.81
西藏	75.36	75.43	62.91	94.39	75.22	70.08	63.16	88.14
陕西	77.94	82.84	78.69	82.41	69.95	74.41	69.5	79.18
甘肃	79.22	85.74	75.38	90.27	68.83	70.65	69.29	82.18
青海	76.9	82.32	67.9	91.42	70.65	68.23	65.18	85.92
宁夏	76	83.37	74.09	79.48	66.13	70.91	71.43	82.61
新疆	75.2	80.27	68.85	80.34	73.27	67.71	70.63	81.99

根据表 2-2 评价结果和表 2-3 排名显示，浙江省绿色发展指数在长江经济带 11 个省市中位居第一。其他指标也大多名列前茅。

表 2-3　　　　　　　　　2016 年生态文明建设年度评价结果排序

地区	绿色发展指数	资源利用指数	环境治理指数	环境质量指数	生态保护指数	增长质量指数	绿色生活指数	公众满意程度
北京	1	21	1	28	19	1	1	30
福建	2	1	14	3	5	11	9	4
浙江	3	5	4	12	16	3	5	9
上海	4	9	3	24	28	2	2	23
重庆	5	11	15	9	1	7	20	5
海南	6	14	20	1	14	16	15	3
湖北	7	4	7	13	17	13	17	20
湖南	8	16	11	10	9	8	25	7

地区	绿色发展指数	资源利用指数	环境治理指数	环境质量指数	生态保护指数	增长质量指数	绿色生活指数	公众满意程度
江苏	9	2	8	21	31	4	3	17
云南	10	7	25	5	2	25	28	14
吉林	11	3	21	17	8	20	11	19
广西	12	8	28	4	12	29	22	15
广东	13	10	18	15	27	6	6	24
四川	14	12	22	16	3	14	27	8
江西	15	20	24	11	6	15	14	13
甘肃	16	6	23	8	25	24	23	11
贵州	17	26	19	7	7	19	26	2
山东	18	23	5	23	26	10	8	16
安徽	19	19	9	20	22	9	23	21
河北	20	18	2	30	13	25	19	31
黑龙江	21	25	25	14	11	18	12	25
河南	22	15	12	26	24	17	10	26
陕西	23	22	17	22	23	12	21	18
内蒙古	24	28	16	19	15	23	13	22
青海	25	24	30	6	21	30	30	6
山西	26	29	13	29	20	21	4	27
辽宁	27	30	10	18	18	28	29	28
天津	28	12	6	31	30	5	7	29
宁夏	29	17	27	27	29	22	16	10
西藏	30	31	31	2	4	27	31	1
新疆	31	27	29	25	10	31	18	12

（三）中国绿色发展指数报告——区域比较

关成华、韩晶著的《2017/2018 中国绿色发展指数报告——区域比较》一书中，在 2017 年和 2018 年对 2015 年和 2016 年中国省际绿色发展指数进行了测算，浙江省在绿色发展方面处于全国领先水平。如表 2-4 和表 2-5 所示，绿色发展指数指标体系由经济增长绿化度、资源环境承受潜力和政府政策支持度一级指标组成。

表 2-4　　　　　　　2017 年中国 30 个省（区、市）绿色发展指数及排名

地区	绿色发展指数		一级指标					
			经济增长绿化度		资源环境承受潜力		政府政策支持度	
	指数值	排名	指数值	排名	指数值	排名	指数值	排名
北京	0.541	1	0.204	1	0.133	8	0.204	1
上海	0.444	2	0.166	2	0.103	19	0.176	5
内蒙古	0.423	3	0.089	9	0.158	2	0.176	6
浙江	0.414	4	0.116	5	0.113	15	0.185	2
江苏	0.396	5	0.13	4	0.086	25	0.18	4
福建	0.393	6	0.107	6	0.125	11	0.161	9
海南	0.378	7	0.083	13	0.138	6	0.157	13
广东	0.375	8	0.104	7	0.106	17	0.165	8
天津	0.375	9	0.154	3	0.085	26	0.136	20
山东	0.366	10	0.102	8	0.079	29	0.184	3
广西	0.353	11	0.063	27	0.14	5	0.149	14
云南	0.35	12	0.075	19	0.145	3	0.13	21
黑龙江	0.348	13	0.064	26	0.161	1	0.123	27
安徽	0.337	14	0.077	17	0.099	21	0.161	10
河北	0.335	15	0.079	16	0.084	27	0.172	7
陕西	0.334	16	0.088	10	0.118	13	0.128	23
重庆	0.333	17	0.082	14	0.103	18	0.148	16
贵州	0.332	18	0.068	23	0.137	7	0.127	24
辽宁	0.327	19	0.086	11	0.093	22	0.147	17
湖北	0.325	20	0.085	12	0.102	20	0.138	19
四川	0.322	21	0.068	25	0.131	10	0.123	26
吉林	0.32	22	0.082	15	0.119	12	0.119	28
江西	0.318	23	0.062	28	0.116	14	0.141	18
湖南	0.317	24	0.077	18	0.113	16	0.127	25
宁夏	0.315	25	0.068	24	0.089	24	0.158	12
山西	0.308	26	0.071	22	0.089	23	0.148	15
新疆	0.302	27	0.071	21	0.073	30	0.159	11
青海	0.286	28	0.054	29	0.142	4	0.09	30
河南	0.284	29	0.074	20	0.081	28	0.129	22
甘肃	0.281	30	0.045	30	0.131	9	0.106	29

2018 年测算的浙江省绿色发展指数值为 0.402，比 2017 年测算的该值减少了 0.012，排名未受影响，仍居第四位。2017 年测算的 2015 年浙江省的三个一级指标排名分别为第五、第十五和第二，2018 年测算的 2016 年浙江省的 3 个一级指标排名分别为第五、第十六和第三，后 2 个一级指标一升一降。

表 2-5　　　　　2018 年中国 30 个省（区、市）绿色发展指数及排名

地区	绿色发展指数		一级指标					
			经济增长绿化度		资源环境承受潜力		政府政策支持度	
	指数值	排名	指数值	排名	指数值	排名	指数值	排名
北京	0.57	1	0.219	1	0.143	4	0.209	1
上海	0.423	2	0.151	3	0.099	20	0.174	5
内蒙古	0.42	3	0.085	11	0.165	1	0.17	8
浙江	0.402	4	0.113	5	0.109	16	0.18	3
福建	0.389	5	0.105	6	0.127	11	0.158	10
江苏	0.379	6	0.124	4	0.078	27	0.177	4
广东	0.377	7	0.103	8	0.105	17	0.17	7
山东	0.376	8	0.103	7	0.077	28	0.197	2
天津	0.373	9	0.155	2	0.088	25	0.13	22
海南	0.363	10	0.086	10	0.129	8	0.149	12
广西	0.343	11	0.063	21	0.138	5	0.142	16
陕西	0.339	12	0.096	9	0.123	12	0.12	25
安徽	0.335	13	0.076	18	0.096	22	0.163	9
黑龙江	0.332	14	0.062	22	0.156	2	0.115	27
河北	0.328	15	0.082	14	0.077	29	0.17	6
重庆	0.326	16	0.079	15	0.101	19	0.146	14
吉林	0.322	17	0.084	12	0.128	10	0.111	28
湖北	0.321	18	0.083	13	0.104	18	0.133	18
云南	0.317	19	0.057	25	0.128	9	0.132	20
四川	0.315	20	0.066	20	0.13	7	0.119	26
湖南	0.313	21	0.078	16	0.114	15	0.121	24
江西	0.312	22	0.057	27	0.114	14	0.141	17
贵州	0.306	23	0.06	23	0.119	13	0.126	23
辽宁	0.301	24	0.072	19	0.097	21	0.132	19
宁夏	0.298	25	0.057	26	0.089	23	0.153	11
河南	0.296	26	0.077	17	0.088	24	0.131	21

续表

地区	绿色发展指数		一级指标					
			经济增长绿化度		资源环境承受潜力		政府政策支持度	
	指数值	排名	指数值	排名	指数值	排名	指数值	排名
青海	0.293	27	0.047	29	0.147	3	0.098	30
甘肃	0.282	28	0.044	30	0.132	6	0.105	29
山西	0.281	29	0.055	28	0.082	26	0.144	15
新疆	0.279	30	0.06	24	0.072	30	0.147	13

表 2-3 和 2-5 显示，长江经济带省市中，浙江省的绿色发展指数、经济增长绿化度、政府政策支持度的指标值和排名仅次于上海市，资源环境承受潜力方面居后。图 2-3 和 2-4 更直观地显示出浙江省绿色发展在全国的地位和水平。2015 年和 2016 年浙江省绿色发展指数均排名靠前，全国排名第四，在省份中仅次于内蒙古居第二位。

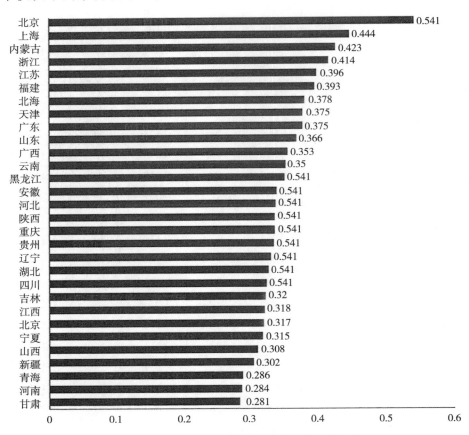

图 2-3　2017 年中国 30 个省（区、市）绿色发展指数及排名

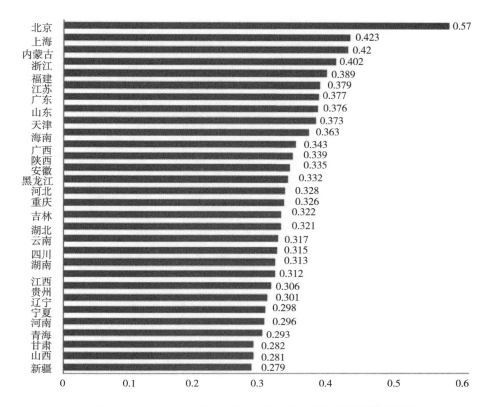

图 2-4　2018 年中国 30 个省（区、市）绿色发展指数及排名

（四）浙江省内绿色发展评价

从 2016 年起，浙江省统计局、发展和改革委员会、环境保护厅等部门依据《浙江省生态文明建设目标评价考核办法》《浙江省绿色发展指标体系》和《浙江省生态文明建设考核目标体系》对辖区各市、县和区的生态文明建设进行考核，公布生态文明建设年度评价结果。最新评价结果为 2019 年的，其各城市评价结果如表 2.6 和 2-7 所示。

表 2-6　　　　　　　　　2019 年设区市生态文明建设年度评价结果

地　区	绿色发展指数	资源利用指数	环境治理指数	环境质量指数	生态保护指数	增长质量指数	绿色生活指数
杭州市	80.44	80.09	75.79	87.63	77.41	79.28	83.20
宁波市	79.49	78.59	75.18	90.11	71.90	75.14	83.81
温州市	80.37	79.36	76.80	92.00	71.65	75.28	84.35
嘉兴市	78.14	79.32	77.78	82.42	65.38	75.49	82.84

续表

地 区	绿色发展指数	资源利用指数	环境治理指数	环境质量指数	生态保护指数	增长质量指数	绿色生活指数
湖州市	80.22	79.59	77.88	90.25	73.10	74.57	83.28
绍兴市	79.84	78.75	77.07	90.36	72.06	76.60	82.80
金华市	79.76	78.86	77.24	90.96	72.70	73.62	82.23
衢州市	79.29	78.78	75.60	91.09	75.73	71.21	79.37
舟山市	79.70	80.59	73.08	92.08	71.40	73.35	82.58
台州市	79.88	79.74	76.44	91.05	71.95	72.74	82.71
丽水市	80.05	80.39	74.70	94.35	75.52	71.11	78.35

表 2-7   2019 年设区市生态文明建设年度评价结果排序

地 区	绿色发展指数	资源利用指数	环境治理指数	环境质量指数	生态保护指数	增长质量指数	绿色生活指数
杭州市	1	3	7	10	1	1	4
温州市	2	6	5	3	9	4	1
湖州市	3	5	1	8	4	6	3
丽水市	4	2	10	1	3	11	11
台州市	5	4	6	5	7	9	7
绍兴市	6	10	4	7	6	2	6
金华市	7	8	3	6	5	7	9
舟山市	8	1	11	2	10	8	8
宁波市	9	11	9	9	8	5	2
衢州市	10	9	8	4	2	10	10
嘉兴市	11	7	2	11	11	3	5

二、循环经济助推高质量绿色发展

作为经济大省和资源小省，浙江对发展循环经济有着迫切的现实需求和强大的内生动力。2003 年，习近平总书记在浙江工作期间曾亲自担任省循环经济工作领导小组组长，并在浙江省发展循环经济建设节约型社会工作领导小组会上强调，突出抓好"991 行动计划"的组织实施，加快循环经济示范工程建设，加强农业农村环境综合治理。突出抓好制度建设，注重发挥市场机制在循环经济发展中的基础性作用，使发展循环经济成为企业降低成本、增加效益的重要途径。随后 16 年，历届省委省政府一任接着一任干，一张蓝图绘到底，把大力发展循环经济融入浙江省经济社会发展主战略中，共实施"991"项目 1680 个，总投资 1895 亿元，有力支撑了浙江省生态文明建设和高质量绿色发展，绿色发展指数稳居全国前列。

（一）坚持系统谋划，加强顶层设计

在认真贯彻国家循环经济政策和规划的基础上，积极做好浙江省循环经济发展的顶层设计和系统谋划。

一是注重规划引领。全面实施新一轮循环经济"991 行动计划"，发展循环经济九大领域，打造循环经济九大载体，实施循环经济十大工程。根据《国家循环经济发展战略及近期行动计划》《循环发展引领行动》，结合浙江发展实际，编制印发《浙江省循环经济发展"十三五"规划》《浙江省节能环保产业发展规划（2015—2020 年）》《浙江省绿色经济培育行动实施方案》，形成了系统的循环经济发展规划和行动体系。

二是加强制度供给。积极倡导绿色生活方式，联合省建设厅制定《浙江省城镇生活垃圾分类源头减量专项行动计划》，提出健全法规标准、推行绿色包装、严格落实"限塑令"、限制一次性消费用品等源头减量措施。研究制定《推进绿色包装工作的通知》《限制一次性消费用品的通知》等政策文件。鼓励相关企业主动履行生产者责任，积极参与废旧铅酸电池等回收利用体系建设。

三是发挥市场机制。深化水、电、土地等生产要素的市场化改革，以亩均论英雄为浙江迈向高质量发展提供了更为完善和有利的要素保障。积极推进水权交易、用能权交易、排污权交易，稳步实施碳排放权交易，在发电、建材、化工等行业实施碳排放配额管理制度。加快绿色金融改革创新试验区建设，支持创新型绿色产业加快发展和传统产业绿色化转型。

四是开展评估考核。将循环经济重点工作纳入省委省政府对各部门、各地市的美丽浙江等考核之中，通过年度考核的方式压实目标责任，有效推进相关工作。组织开展《浙江省循环经济发展"十三五"规划》《浙江省节能环保产业发展规划（2015-2020 年）》中期评估，及时跟踪规划实施和目标完成情况，研究提出下一步实施意见。连续 5 年编制《循环经济发展报告》，系统梳理循环经济推进情况，总结评价循环经济发展水平。

（二）坚持示范带动，注重典型推广

聚焦聚力循环发展重点领域，通过示范带动和典型推广，加快推动形成绿色发展方式和生活方式。

一是深入实施园区循环化改造。以园区循环化改造为主战场，推动块状经济绿色转型。指导衢州高新区（化工、氟硅）、滨海工业园区（纺织、印染）等一批块状特色产业园区创建国家级循环化改造示范试点，组织开展五批省级园区循环化改造示范试点，推动 70 个省级以上园区实施循环化改造，总投资 930 亿元，助推园区经济在资源环境压力下涅槃重生，在绿色发展的道路上抢占先机。衢州高新区围绕产业链、价值量提升实施存量改造和增量优化，企业生产成本相较其他地区降低 4% 左右；2018 年，园区完成工业增加值 184.9 亿元，占全市规上工业增加值的 47.5%，成为浙西南产业层次最高、产业配套最齐全的高质量发展平台。浙江吴兴工业园区以循环化改造为契机，深入实施"退城入园""腾笼换鸟"，深化童装产业转型升级，着力构建生态工业发展体系，每年减排污水 17.7 万吨，减少 COD 排放 32 吨，减少氨氮排放 5.5 吨，企业入园集聚后降低环境治理成本 30% 以上。通过这些典型示范的带动，浙江省化工、纺织、印染、造纸、冶金、建材类产业园区全部开展循环化改造，加快了传统产业的绿色化发展。

二是大力推进餐厨垃圾资源化利用。制定实施《浙江省餐厨垃圾资源化综合利用行动计划》，浙江省设区市本级餐厨垃圾资源化利用能力基本实现全覆盖。先后争取 6 个国家级餐厨试点城市，组织开展 12 个省级餐厨试点城市建设，安排 8000 万元省财政资金予以支持。在试点工作的推动下，省政府先后颁布《浙江省餐厨垃圾管理办法》《浙江省城镇生活垃圾分类管理办法》，全面推行餐厨垃圾资源化利用。截至 2018 年底，浙江省餐厨垃圾处理能力达 4096 吨 / 日，为打赢垃圾治理攻坚战提供了有力支撑。

三是加快建设资源循环利用基地。制定印发《浙江省静脉产业基地建设行动计划》《关于开展省级静脉产业示范城市（基地）试点工作的通知》，统筹推进生活垃圾、餐厨垃圾、建筑垃圾、工业固废等处理项目建设，推动生活垃圾分类和再生资源回收系统"两网"融合，全面提升城市典型废弃物资源化利用和无害化处置水平；成功创建 5 个国家资源循环利用基地，加快推进 11 个省级资源循环利用试点建设。通过试点探索，编制《浙江省资源循环利用示范城市（基地）建设指南》，将资源循环利用体系建设模式在浙江省进行推广。

（三）坚持创新载体，融入重大战略

浙江省第十四次党代会做出高质量推进大湾区、大花园、大通道、大都市区四大建设的决策部署，将大花园建设作为实现高质量发展和高品质生活有机结合的战略之举。省发展改革委作为四大建设的牵头部门，积极把循环发展融入大花园建设战略，成为浙江绿色发展升级版的重要支撑。

一是高标准定位目标。将打造全国领先的绿色发展高地作为大花园建设的第一战略目标。提出到 2022 年，浙江省绿色产业化、产业绿色化、公民生态文明素养提升、城乡人居环境改善取得显著成效，绿色低碳循环发展的经济体系全面建立，绿色经济成为富民强省的有力支撑，绿色产业发展、资源利用效率、清洁能源利用水平等位居全国前列，节能环保产业总产值达到1.2 万亿元，高标准建设现代版富春山居图。

二是高质量推进项目。实施园区循环化改造、资源循环利用基地建设等大花园重大项目 136 个，总投资达 12248 亿元，2018 年完成投资 4823 亿元，为高质量推进大花园建设提供了有力支撑。

三是高水平建设载体。将绿色产业发展和园区循环化改造纳入大花园建设重点任务，将资源循环利用基地建设列入大花园建设十大标志性工程，将美丽园区建设列入五大美丽载体，通过大力发展循环经济推进"诗画浙江"大花园建设。

三、生态农业主导农业绿色发展

推进农业绿色发展，是贯彻新发展理念、推进农业供给侧结构性改革的必然要求和重大举措。党中央、国务院高度重视农业绿色发展。习近平总书记指出，要推动形成绿色发展方式和生活方式，发展节水农业、循环农业。

谈到绿色发展，许多人都会想到习近平总书记在浙江发表的"绿水青山就是金山银山"重要论断。这些年来，浙江发展势头始终不减，农民收入持续增长。特别是近几年，作为"两山论"的源头，这个干在实处、走在前列、勇立潮头的省份，更是荣誉越来越多，责任越来越重，一项项国家级试点、示范接踵而至。寻找浙江发展背后的密码，最为核心的关键词莫过于"绿色发展"。

（一）绿色为本的强村战略

习近平同志在十九大报告中指出，实施乡村振兴战略。这是继社会主义新农村建设、农业供给侧结构性改革之后，党中央关于"三农"工作的又一重大战略部署。全面实现小康社会，乡村是我们必须要面对的问题。全面建成小康社会，一个不能少；共同富裕路上，一个不能掉队。安吉县天荒坪镇余村三面环山，过去凭借石灰岩资源，村强了、民富了，环境却被严重破坏。2005年8月15日，时任浙江省委书记的习近平赴村调研，当鱼和熊掌不可兼得的时候，要学会放弃，要知道选择，发展有多种多样，要走可持续发展的道路，绿水青山就是金山银山。

党的十九大提出，要推进绿色发展，加快建立绿色生产和消费的法律制度和政策导向，建立健全绿色低碳循环发展的经济体系。乡村要发挥其自身环境优势，注重生态保护，建设乡村田园综合体、村落风景区、旅游风情小镇，打造美丽小镇、美丽村庄、美丽庭院、美丽田园，让美丽乡村成为农民幸福生活的宜居家园和市民休闲养生养老的生态乐园。在"两山论"的指引下，余村不断蜕变：关掉所有矿区后，余村重新编制规划，转型发展生态旅游业。绿水青山回来了，外地游客进来了，农民收入增了5倍多。余村是浙江10多年绿色发展的缩影。作为全国土地面积最小的省份之一，论资源、比规模，浙江都毫无优势，"两山论"则厘清了生态环境与生产力之间的关系。2007年，习近平离开浙江，但他的绿色生态理念早已扎根，并且开始枝繁叶茂：从提出建设全国生态文明示范区，到"两富"（物质富裕、精神富有）、"两美"（建设美丽浙江、创造美好生活）浙江，再到省域建设"大花园"，十年间，虽然情况在变，形势在变，但核心一脉相承。

这样的理念，同样贯穿于浙江的现代农业发展。2003年，浙江提出"高效生态"概念，发展方向一锤定音。在此基础上，后来又增加了"特色精品农业""生态循环农业"，生态的底色始终不变，而内涵却在不断丰富。浙江绿色发展起步早、基础牢，而农业能取得今天的成就，最基本的一条经验就是坚持走高效生态农业道路，一张蓝图绘到底，同时又不泛泛而谈，不断构建落地的载体。追溯浙江农村绿色发展的载体，可以上溯至2003年的"千村示范、万村整治"，以及此后的"美丽乡村""五水共治"。2017年，省党代会提出打造1万个A级乡村景区。农业方面，浙江则推出了美丽田园、生态循环农业等。总之，就是通过抓产业，来打通"两山"转化路径。杭州市临安区太湖源镇白沙村以前"砍树为生"，发展旅游后，现在变成"看树为生"，生态资源成了美丽经济。这样的例子在浙江不胜枚举。

（二）绿色农业清单的政府作为

"负面行为清单"立足现行法律法规、国家标准和行业标准，对标世界级生态岛发展"十三五"规划和都市现代绿色农业发展三年行动计划要求，充分结合崇明实际，从规划布局、产业规模、产地环境、农业投入品规范等方面，归纳出10条绿色农业发展负面行为，明确绿色农业发展的"底线要求"和"限制规则"。

负面清单中列举的负面行为包括：在粮食生产功能区、蔬菜生产保护区种植破坏土地储备功能作物的；在基本农田或与道路红线、河道蓝线、城镇规划等相冲突区域进行渔业养殖的；在长江水域辖区内从事生产性捕捞的；引进无检疫合格证明的种子种苗、种畜禽和水产苗种的；新流转和退出的土地土壤及灌溉水质量低于最新版标准等。

农业负面清单的出台，是生态建设和生态农业转型发展的制度创新，负面清单的长效管理将从源头防范和过程监管入手，充分整合政策资源，引导生产者从传统农业向生态农业转型，全力打造都市现代绿色农业又好又快发展，有效提升农业发展能级。

绿色农业看似简单，但到了落地层面，实则包罗万象，再加上农业主体和产业本就散弱，因此难度和工程量可想而知。浙江推动这些工作，有个"制胜法宝"，那就是政府出政策、搭平台，同时又注重用市场化方式解决问题。在顶层设计上，浙江采取"一项目标任务、一个实施方案、一套支撑政策"的思路，形成了53条绿色生态农业政策清单。与此同时，浙江又尊重基层实践、农民智慧，对好的经验加以总结提炼后，再推向浙江省乃至全国。

在考核上，浙江松绑经济指标，箍紧生态指标。2015年起，浙江26个欠发达县"摘帽"后，不再考核GDP总量，转而重点考核生态保护、居民增收等。"指挥棒"下，不少地区开始转变发展理念，不看数字看"水质"。宁波市鄞州区是浙江经济最发达的地区之一，但农业同样搞得有声有色，当地将优质水田保护起来。很快，该做法被推向浙江省，这就是粮食生产功能区。同样，在总结基层创造的基础上，浙江又率先建设现代农业园区。"两区"不仅让绿色发展有了落地平台，也为要素资源的集聚找到了"蓄水池"。

通过政策引导、平台支撑，浙江破解了单家独户难以攻克的共同制约。不过，对于需要市场做的、市场能够做的，浙江既不大包大揽，也不越俎代庖，而是因势利导，主动交给市场。始于2013年的畜牧业转型升级，可以说是浙江压力最大、难度最大的一项工程。尽管如此，为了生态环境，浙江毅然对污染场户动真格，划定禁限养区，把生态消纳或达标排放作为衡量标准，总共关停搬迁40多万家养殖场。如今，保留的6620家养殖场平均规模600头以上，且全部纳入了在线监管。

浙江通过业主小循环、园区中循环和县域大循环，让秸秆成了饲料，畜禽排泄物成了肥料，成功实现种养结合。其中像沼液运输、秸秆收贮运、病死动物收集等，基本都依托社会化服务组织完成，政府购买服务、实时监管即可。只要细心观察，在浙江的农田里，市场化意识无处不在。

（三）绿色崛起的农业品牌效应

农业的品牌效应越来越受到人们的关注。农业的根本出路在于产业化、规模化，而要实现产业化、规模化经营，发展品牌农业是一个很好的切入点。

不断调整产业结构，积极发展高效农业，培育了一批龙头企业，使全市农业产业化的水平不断提高。浙江拥有丰富的水土光热资源，发展农业有得天独厚的优势。浙江的品牌农业发展也取得了显著的成绩，如玉门市赤金镇的"沁馨"韭菜、清泉乡的"清泉"羊肉等，都是市场上叫得响的品牌。在品牌效应的带动下，这些产业特色鲜明、规模大、产业链长、经济效益和社会效益明显。

在推进现代农业的今天，大力发展品牌农业已至关重要。因此，业内人士认为，着力推进品牌农业，首先要大力推广高新农业技术，提高农业产品的科技含量，在此基础上，筛选一些适应推广种植，能形成一定产业规模，具有广阔市场前景的优质高效品种，作为产业进行培育壮大。其次是通过龙头企业带动，协会搭建销售平台，形成规模化生产；通过协会建立销售网络，切实解决产品有市场无批量、有批量无市场的问题，提高农民进入市场的组织化程度。再次是努力提高农产品的核心竞争力。只有提高农产品的市场竞争力，才能使产品在瞬息万变的市场中，立于不败之地。按照标准化生产，培育优质、无公害的绿色农产品，打入国内国际市场。要重视对农业产品品牌的宣传，发现一个品牌产品的潜在优势后，要积极进行推介宣传，通过举办各种节会、参加各种产品博览会，使产品增加知名度，赢得客商的青睐。

绿色发展意味着生产成本的提高，因此不易推广。但在浙江恰恰相反，许多人对绿色心向往之。湖州市吴兴区金农生态农业的老板施星仁对此最有发言权。几年前，从以色列引入水肥一体化喷灌设施后，不光节水省工，关键是管理更精细、产品更安全。现在，好品质带来好名声、高价格，农产品有一半是通过游客采摘消化的。

浙江的众多农业经营主体普遍靠两点：一是质量有保障后的品牌溢价，二是农旅融合后的价值延伸。事实证明，只要有效益，主体发力绿色农业，便有了内生动力，也会更加注重产品质量。安吉白茶就是个典型案例。多年来，当地一手抓产品质量，一手抓品牌化，两者相得益彰，有了好价格，绿色生态自然水到渠成。去年，全县休闲农业与乡村旅游总产值超过了46亿元。10多年来，绿色发展早已在浙江蔚然成风，并呈磅礴之势。一座座美丽牧场，一个个农业休闲观光园，一条条全产业链，从"盆景"到风景，让人充满欣喜，也充满信心。

（四）积极推进浙江省农业绿色发展新格局形成

1. 2018—2020 年行动计划

2018 年 7 月，浙江省农业厅发布了《浙江省农业绿色发展试点先行区三年行动计划（2018—2020 年）》。围绕农业绿色发展目标任务，浙江将重点推进产业结构、生产方式、经营机制三大"调整"和养殖业污染、农业投入品、田园环境三大"治理"。高水平实现农业绿色发展，促进乡村振兴战略实施。

农业绿色发展目标：

行动计划提出到 2020 年，浙江省农业绿色发展理念深入人心，一批绿色形态的新产业新业态快速发展，一批绿色导向的集成技术和发展模式全面覆盖，一套绿色发展的制度体系和长效机制基本建立，产业、资源、产品、乡村、制度和增收"六个绿色"目标全面实现，其中约 1/3 涉农县率先建成农业绿色发展先行县。

绿色产业。农业产业布局生态、资源利用高效、结构不断优化，可循环无污染产业蓬勃兴起；产业体系、生产体系绿色变革加快实施，一二三产业深度融合，生产、生态、生活功能协调彰显。培育提升以绿色生产为导向的绿色发展先行区 1000 个，新型农业经营主体 10000 个。

绿色资源。农业外源性污染得到有效控制，内生性污染得到有效治理，耕地质量、土壤环境、水体生态及保护体系健全，生产条件持续改善。耕地保有量不减少、质量不降低，粮食综合生产能力保持在 150 亿千克，高标准农田面积比重达到 65% 以上，农业用水功能区水质达标率达 95% 以上。

绿色产品。现代农业标准体系、农业投入品监管体系和农产品质量安全追溯体系基本完善，农产品质量安全水平和市场竞争力持续提升。绿色农产品及加工品开发势头强劲，建成品牌农产品 300 个，主要农产品"三品一标"率达到 55%。

绿色乡村。田园和村庄整洁度、美化度进一步提高，田间废弃物清理到位，农村人居环境、城乡均衡发展水平进一步提升，打造"最美田园"300 个。

绿色制度。农业自然资源和生态保护补偿制度有效落实，绿色发展的激励与约束相结合的用地、税收、保险、财政投入等政策机制基本形成，农业投资和项目建设充分体现绿色导向。

绿色增收。绿色农产品优质优价基本实现，绿色生产、绿色产业在农民增收中的份额稳步提高，绿色投入、绿色农产品生产节本增效效应明显，农业增加值年均增长 2%，农村居民人均可支配收入年增长 8%。

农业绿色发展重点任务：优化农业生产空间布局。立足资源环境承载力，优化农业生产力布局，逐步探索建立局部区域产业准入清单，推行农牧结合、粮经轮作和适度休耕等制度与模式，保护和恢复农业生态。严格执行畜禽禁限养区制度，引导新垦地等宜养区以地定畜建设标准化美丽牧场。开展中轻度污染耕地安全利用，扩大粮食生产禁止区划定试点，受污染耕地安全利用率达 91% 以上。推进规模化农产品基地和优势产业带建设，建成一批"两头乌"、湖羊、中蜂、杨梅、枇杷、食用菌、"浙八味"等特色农产品优势区。到 2020 年建成 1500 个生态茶园、放心菜园、精品果园、特色菌园、道地药园和美丽牧场，基本建成 100 个一二三产业深度融合的现代农业园区、100 个特色农业强镇。

加快培育农业新产业新业态。实施休闲农业和乡村旅游精品工程，大力发展观光农业、分享农业、定制农业、康养农业等新业态。挖掘、保护、传承农业农村非物质文化遗产，振兴历史经典产业。推进农产品电子商务平台和乡村电商服务站点建设，发展壮大农业会展经济，形成线上线下双向流通格局。实施"农家特色小吃振兴三年行动计划"，培育一批标准化生产、品牌化经营的农家特色小吃企业。到 2020 年，力争农业新产业新业态产值达 2000 亿元，其中，农产品电子商务 1000 亿元，农业休闲观光和农家特色小吃各 500 亿元。

大力开发绿色农产品。加强绿色品种引进、选育和推广。加快发展"三品一标"产品，支持资源和生态条件突出的地方发展绿色农产品，促进生态优势向经济优势转化。完善绿色农产品生产标准体系，加强农产品质量安全追溯体系建设，落实规模生产主体应用合格证，推动涉农县农产品追溯体系全覆盖。深入实施农业品牌振兴行动，引导经营主体大力创建名企、名品、名牌，推动地方创建区域公用品牌，加强品牌宣传和营销平台建设，办好农产品展示展销和推介活动，组织参加重点国际性展会，提升农产品品牌影响力和市场竞争力。

调整农业生产方式：全面推行减量化投入。深入开展"粮食绿色高产创建活动"，建成 5 个部级粮食绿色高产高效创建县、300 个省级粮食高产创建千（百）亩片、50 个省级旱粮优质高产示范基地。实施"百万吨有机肥替代行动"，加大商品有机肥推广力度，大力推进 6 个国家级果菜茶有机肥替代试点县和 30 个省级示范区建设，推广商品有机肥 100 万吨以上。深化测土配方施肥技术，开展免费测土配方服务活动，坚持精准测土、科学配肥、减量施肥相结合，力争主要农作物测土配方施肥技术覆盖率达到90%以上，探索建立目标产量氮投入最高限量试点。实施"千万亩统防统治绿色防控行动"，强化专业化统防统治与绿色防控相结合，力争农作物病虫害统防统治（含绿色防控）面积1000万亩。实施"高效节水灌溉工程"，大力推广高效节水灌溉措施。到2020年，土壤有机质含量保持2.2%，不合理施用化肥减量3万吨，农药减量1500吨，农药施用强度（折百量）控制在0.17千克/亩以内，农田灌溉水有效利用系数达到0.6。

全面实施资源化循环。实施"千万吨畜禽粪污资源化利用行动"，全面落实"一县一案"和"一场一策"措施，培育有机肥加工和沼液服务组织，制定沼液资源化利用规范，实现畜禽粪污高效精准利用，并逐步推进田间尾菜、农产品加工副产品等资源化利用。实施"千万吨秸秆资源化利用行动"，全面禁止秸秆露天焚烧，突出秸秆还田、离田利用和收储运体系建设，推进秸秆肥料化、能源化、饲料化、基料化等多途径利用。扩大太阳能、沼气等清洁能源在农业生产中的应用，因地制宜推进农村沼气集中供气工程建设。到2020年，畜禽粪污、秸秆和农村清洁能源利用率分别达到98%、95%和85%。

全力促进高效化利用。加快发展数字农业、设施农业，建成一批数字化植物工厂、养殖工厂、育种工厂，推进生物技术、工程技术和信息技术的集成应用，进一步促进农业自然资源高效利用。加快推进农业"机器换人"，大力推广高效植保机械、施肥机械、肥水一体化等设施装备，深化农机农艺融合，提升化肥农药利用效率。到2020年，建成农业"机器换人"示范县10个、示范乡镇100个、示范基地300个。

调整农业经营机制：推进规模化经营。健全土地流转机制，深化完善农村土地"三权分置"办法，健全承包土地流转登记、中介服务等机制，有序引导整村土地流转，促进农业适度规模经营。健全社会化服务体系，加快培育专业化、市场化服务组织，鼓励农业生产性服务业，更好地为小农户生产发展服务。深化村经济合作社股份合作制改革，加快推进集体经济薄弱村转化，发展壮大村级集体经济，增强统一服务能力。

促进经营主体合作联合。进一步发展壮大农民专业合作社、家庭农场等新型经营主体，提升经营体系能力。全力引导经营主体联合，构建技术推广、农资采购、病虫害防治、生产服务以及产业布局等领域联动协作机制，提高投入品标准化使用水平和生产经营能力。创新合作经营机制，坚持以技术、资产、品牌为纽带，推行"保底＋分红"收益分配方式，建立紧密型利益链接关系。

加快推动产业融合发展。坚持"一产向后延、二产两头联、三产走高端"，加大农业多样性功能开发，推进专用性功能性产品发展，大力发展农产品加工和营销服务业，促进一二三产业融合发展，到 2020 年，新建成 80 条 10 亿元以上示范性农业全产业链。

治理畜禽养殖业污染：深化畜禽养殖污染治理。实施"畜禽养殖场污染治理设施提标改造工程"，加快推广自动喂料、排泄物机械化清运、发酵床和膜浓缩等设施与技术模式，完善沼液资源化利用田间贮液池、管网等设施建设，推进存栏 500 头以上生猪养殖场建设封闭式集粪棚，敏感区域大型规模养殖场逐步建设臭气治理系统。进一步规范养殖污染治理线上线下长效防控机制建设，推行网格化巡查 App，确保不发生重大养殖污染事件。力争到 2020 年基本解决养殖臭气污染问题，创建 20 个省级以上畜牧业绿色发展示范县，建成 1000 个省级美丽牧场，畜禽养殖规模化率达到 90% 以上。

深化病死动物无害化处理机制建设。进一步完善死亡动物"统一收集＋保险联动＋集中处理＋跨区合作＋线上监控"的长效运行机制，逐步探索保险联动机制从生猪向其他畜禽推进覆盖。严格落实主体责任和部门监管责任，坚持主要流域死亡动物打捞防控机制，确保不发生流域性漂浮死猪事件，养殖环节病死猪专业无害化集中处理率达到 85% 以上。

治理农业投入品：完善农业投入品标准和追溯体系。强化投入品质量管控，以绿色为导向，清理修订农兽药安全、饲料安全、畜禽废弃物资源化利用等标准与规范；严格执行浙产农药可追溯电子信息码标签制度；加大肥料质量监管力度，加强有机肥生产企业管理。规范投入品经营，完善信息化监管平台，将农药、有机肥等生产经营企业纳入平台管理，推进 22 种定点经营限用农药退市，扩大农药实名制购买试点，并逐步向兽药、饲料、肥料等延伸。

强化农业投入品执法监督。深入开展农资打假行动，重要农时季节，集中力量开展农资专项打假治理行动，严厉打击制售和使用违禁药物行为。加强日常监督抽查，加大督导巡查，完善企业信用档案和黑名单制度，规范投入品市场秩序。严格落实主体责任，推行投入品销售和使用电子档案，落实农药安全间隔期和兽药休药期，构建政府监管、企业自律、农民自觉的投入品安全管控机制。

治理田园环境：强化农业面源污染防控。加快建立农业面源污染监测体系，全面完成农业污染源普查，建设 1500 个涵盖水、土、农产品的农业面源污染监测点，及时发布预测预警。探索末端减排模式，在敏感区域和主要流域建设氮磷生态沟渠拦截系统 300 个，建成小流域农业面源污染综合治理示范区 5 个。制定农田污染控制标准，依法禁止未经处理达标的工业和城镇污染物进入农田、养殖水域等农业区域。

深化农业生态环境整治。深入实施整洁田园行动，全面落实农药废弃包装物市场主体回收、专业机构处置、公共财政扶持机制，建立健全废旧农膜"主体归集、政府支持、专业机构处置、市场化运作"相结合的回收处置体系，推动废旧地膜纳入农村生活垃圾回收处置系统。到 2020 年，农药废弃包装物回收率和处置率分别达 80% 和 90%，废旧农膜回收率达 90% 以上。大力清理田间积存垃圾、改造生产设施、整理田间杆线、建立长效机制，促进田园清洁化、生态化、景观化。完善外来检疫性有害生物风险监测评估与防控机制，严防外来检疫性有害生物入侵和生物灾害发生。

经过三年的努力，2021 年 1 月 5 日，浙江省农业农村厅公布了 2020 年度农业绿色发展先行创建认定结果，认定湖州市、衢州市、丽水市为农业绿色发展先行市，淳安县等 30 个县（市、区）为 2020 年度农业绿色发展先行县，杭州市余杭区瓶窑镇等 107 个区域为 2020 年度农业绿色发展省级示范区。

2. 2021—2025 年行动方案

2021 年 8 月 17 日，浙江省农业农村部和人民政府公布《高质量创建乡村振兴示范省推进共同富裕示范区建设行动方案（2021—2025 年）》，行动目标：到 2025 年，乡村振兴示范省引领作用充分发挥，有条件的地区率先基本实现农业农村现代化，共同富裕先行先试取得明显成效，形成一批可复制可推广的经验模式。粮食等重要农产品供给保障能力不断提升，现代乡村产业体系更加健全，高效生态农业质量效益明显提高，绿色产品价值实现机制初步建立；"千万工程"持续深化，新时代美丽乡村全域建成，生态环境向美丽经济加速转化；农业农村优先发展保障机制系统建立，城乡融合发展体制机制和政策体系更加健全，农村生活设施便利化、城乡基本公共服务均等化率先实现，乡村治理体系和治理能力现代化水平显著提升；农民收入持续较快增长，乡村中等收入群体不断扩大，城乡居民收入和生活水平差距持续缩小，农村居民人均可支配收入达到 4.4 万元，低收入农户人均可支配收入达到 2.4 万元，城乡居民收入倍差缩小到 1.9 以内，全面消除年家庭人均收入 1.3 万元以下情况。

发展绿色生态农业促动共同富裕是其重点任务之一：

第一，发展绿色低碳循环产业。因地制宜发展茶叶、油茶、水果、笋竹、香榧等产业，发挥木本植物固碳作用。大力发展生态循环农业，推进秸秆、尾菜、农膜、畜禽粪污等农业废弃物资源化产业化利用，加快建立植物生产、动物转化、微生物还原的种养循环体系。率先推进现代农业产业园区和优势特色产业集群循环化改造，建设一批具有引领作用的循环经济园区和基地。

第二，推广绿色低碳生产方式。实施农业生产"三品一标"提升行动，推动品种培优、品质提升、品牌打造和标准化生产。全域推行"肥药两制"改革，推广应用测土配方、水肥一体、有机肥替代化肥、绿色防控等技术和产品，持续推进化学肥料、农药减量化。推进畜禽养殖圈舍低碳化建设和改造，推广水稻田精准灌排技术，发展水产绿色健康养殖，减少重点种养环节碳排放。加快绿色高效、节能低碳的农产品加工技术集成应用，发展农产品绿色低碳运输。深入推进国家农业绿色发展先行区建设，制定实施农业领域碳达峰专项行动计划，探索对绿色低碳农业给予专项补贴。

第三，健全生态产品价值实现机制。严格农产品质量安全监管，深入推行食用农产品达标合格证制度。加大绿色食品培育力度，新认定 2000 个以上绿色食品，建立优质农产品评价体系，推进绿色农产品优质优价。探索开展农业生态产品价值评估，完善农业生态产品价格形成机制，推动将农业项目纳入碳排放权交易市场。协同推进生态产品市场交易与生态保护补偿，实现生态产品价值有效转化。

3. 农业绿色发展保障措施

规划引领。各地要立足资源禀赋和产业发展特色，研究制订农业绿色发展三年行动方案，突出问题导向、目标导向和绩效导向，确定目标任务、思路要求、工作重点和保障措施。制定年度工作计划，建立任务清单和责任清单，有序高效推动工作深化。

示范引领。浙江省将确定一批先行县、区、农业经营主体，按照"六大体系"建设任务和"三调三治理"重点，先行开展创建，打造各具特色的示范性样板。各地要坚持以粮食生产功能区、现代农业园区、特色农产品优势区为主阵地，因地制宜确定一批先行区和先行农业经营主体，打造具有区域或产业特色的绿色发展主平台，不断总结典型经验，发挥示范效应，推动绿色发展成为浙江省现代农业的普遍形态和深厚底蕴。

工程引领。各地要积极争取对试点先行工作的政策扶持，围绕现代产业发展、农业生产经营提升、农业基础设施建设、耕地质量建设与保护、农业面源污染治理、农业废弃物资源化利用等重点，统筹财政资金，加大工程项目投入，以工程建设支撑工作推进。

制度引领。各地要建立"政府引导、主体自觉、各方监管"的发展机制，进一步强化正面激励与负面约束，加大耕地保护、生态补偿和绿色生产等政府补贴、用地、用电、保险等政策支持。探索农业生态环境"黑名单制度"及其对不符合绿色发展导向的暂停公共财政支持的约束机制。建立考核推进机制，强化工作责任和目标考核。

技术引领。健全"三农六方"引领、产学研结合、省市县联动的网络化科技创新推广体系，加强绿色技术推广落地，重点突破农业废弃物资源化高效利用、农业投入品精准减量、产地环境修复等关键技术，强化耕地保育、地力提升、农业面源污染治理、节水灌溉技术装备、高效种植模式、农产品精深加工等技术开发熟化。加强科技人才队伍建设，加大经营主体和职业农民培养培训，鼓励科技人员与农业技能人才结对创业创新，培养一批具有绿色发展理念、熟练掌握绿色技术的农业专业人才和新型职业农民。

组织引领。要坚持把农业绿色发展摆在乡村振兴战略实施和生态文明建设全局的突出位置，切实加强组织领导。省农业厅建立由主要领导挂帅的领导小组，下设由一名厅领导担任主任的办公室，选配精干力量进行实体化运作。各级农业部门要相应成立农业绿色发展工作机构，明确分管领导和牵头单位，组成专门工作班子，确保组织到位、力量到位和工作到位。

四、积极应对气候变化助推绿色发展

"十三五"以来，浙江省坚持创新、协调、绿色、开放、共享的发展理念，在绿色低碳方面取得积极进展，坚定实施积极应对气候变化国家战略，坚持减缓与适应气候变化并重的原则，全面深化经济、产业、能源结构调整和绿色低碳发展，大力推进各领域应对气候变化行动，产业结构和能源结构持续优化，工业、建筑、交通等重点领域降碳工作稳步推进，控制温室气体排放工作扎实推进，适应气候变化工作积极探索，工作体系不断健全，基础能力有效提升，全省碳强度指标持续下降。

（一）产业数字化水平稳步提升

三次产业增加值比例由 2015 年的 4.1 ∶ 47.4 ∶ 48.6 调整为 2020 年的3.3 ∶ 40.9 ∶ 55.8。2020 年，全省数字经济核心产业增加值达到 7020 亿元，占 GDP 比重的 10.9%，比 2015 年提高 3.2 个百分点。以新产业、新业态、新模式为主要特征的"三新"经济增加值占 GDP 比重的 27%，比 2015 年提高 5.8 个百分点。节能环保产业总产值突破万亿大关。在全省规上工业中，战略性新兴产业、高新技术产业、装备制造业、高技术制造业增加值分别占33.1%、59.6%、44.2% 和 15.6%，分别比 2015 年提高 7.5 个、22.4 个、7.4个和 4.9 个百分点。累计淘汰工业行业落后和过剩产能涉及企业 9500 多家，整治提升"低散乱"块状行业涉及企业（作坊）15.54 万家。

（二）能源清洁化程度进一步提高

2019 年，全省一次能源消费结构中，煤炭、石油及制品、天然气、非化石能源、外来火电及其他占全省一次能源消费总量比重分别为 45.3%、16.8%、8.0%、19.8%、10.1%，与 2015 年相比，煤炭占比下降 7.1 个百分点，天然气占比提高 3.1 个百分点，非化石能源消费占比提高 3.8 个百分点。2020 年，清洁能源发电装机 5290 万千瓦，装机占比 52.0%，较 2015 年提高 11.7 个百分点。光伏规模增长迅速，开发应用形式多样，全省累计建成光伏发电装机容量 1517 万千瓦，比 2015 年增长 827%，其中分布式光伏装机 1070 万千瓦，装机规模连续多年位居全国第一。2020 年，我省万元 GDP 能耗 0.37 吨标准煤，能效水平位居全国前列。

（三）绿色建筑交通全面较快发展

2020 年，全省城镇绿色建筑面积占新建民用建筑的比重达到 97% 以上，可再生能源占建筑领域消费比重 11%。2020 年，全省新能源公交车达 27395 辆，清洁能源公交车、出租车使用比例达到 80%。杭州、湖州主城区实现清洁能源公交车全覆盖。深入实施公共交通优先发展战略，倡导自行车、步行等慢行交通出行，以及网约车、共享单车、汽车租赁等共享交通出行模式。全省公共交通机动化出行分担率由 2016 年的 34.3% 上升至 2020 年的 36.7%。大力推进港口岸电建设，京杭运河、湖州、嘉兴内河水上服务区岸电设施实现全覆盖。

（四）适应气候变化能力逐步增强

海绵城市建设持续深化，设区市建成区面积 25%、县级市建成区面积 20%，达到海绵城市建设要求。实现气象防灾减灾标准化乡镇（街道）全覆盖，建立完善涉及应急管理等 28 个部门的气象防灾减灾救灾协同机制。"十三五"期间，累计实施水土流失治理项目 163 个，治理水土流失面积达 958 平方千米。累计建成省级以上自然保护区、森林公园、风景名胜区、湿地公园、地质公园、海洋特别保护区（海洋公园）310 个。森林火灾、病虫害的预防和控制能力不断提高，森林火灾发生率、受害率均处于历史低位，松材线虫病疫情 30 年来首次出现第一个下降拐点。

（五）应对气候变化工作体系基本形成

全国率先印发省级应对气候变化及节能减排工作联席会议成员单位工作职责和工作推进机制等制度文件，细化责任清单，有效压实控温责任。建立实施应对气候变化统计报表制度，建立省市县三级全覆盖的温室气体清单报告机制，强化数据应用。积极参与全国碳市场建设，建成浙江省气候变化研究交流平台，建立完善企业碳排放监测、报告、核查体系。积极创建国家级和省级低碳试点，已有 11 个国家级低碳试点和 37 个省级低碳试点，形成覆盖城市、城镇、园区、社区、企业的多层级低碳试点体系，举办浙江省低碳产品技术展暨"一带一路"合作项目洽谈会、气候变化南南合作培训班等国际合作活动，参加联合国气候变化框架公约缔约方大会，宣介低碳发展的浙江经验和模式。

五、绿色技术创新驱动绿色发展

绿色技术创新是绿色发展核心驱动力量，兼具经济效益、社会效益与生态效益，对实现依托绿色发展的高质量发展具有重要推动作用。绿色技术创新的效率决定了绿色发展的速度和效果。黄磊、吴传清（2020 年）利用技术创新投入、技术创新产出、环境非期望产出三类衡量绿色技术创新效率的指标，对 2017 年全国 254 个地级及以上城市，其中长江经济带 11 省市共计110 个城市，上游地区包括云贵川渝四省份 33 个城市，中游地区包括鄂湘赣三省份 36 个城市，下游地区包括苏浙沪皖四省份 41 个城市，进行其绿色技术创新效率测度并进行排名。结果显示，长江经济带城市绿色技术创新效率平均值为 0.299，高于长江经济带以外地区城市 2.72 个百分点，略高于全国平均水平 1.52 个百分点，整体领先全国水平。但上中下游地区差异显著，呈右偏"V 型"空间格局，上游地区绿色技术创新能力较强，中游地区滞后，下游地区最强。浙江省属于下游地区，城市绿色技术创新优势突出。如图 2-5 和图 2-6 所示，浙江省主要城市平均绿色技术创新效率值和排名仅次于上海。

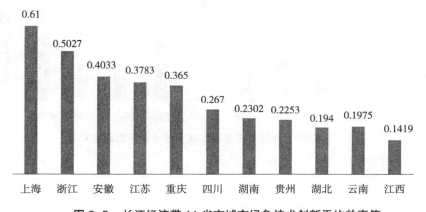

图 2-5　长江经济带 11 省市城市绿色技术创新平均效率值

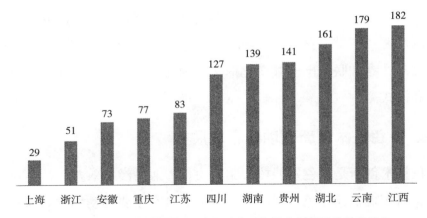

图2-6　长江经济带11省市城市绿色技术创新平均效率排名

浙江省内城市绿色技术创新效率普遍较高，平均值为0.5027，最低值为0.317，均高于长江经济带均值0.299，排名均在全国100名以内，在长江经济带仅次于上海。但是省内城市之间也存在明显的水平差异，效率最高值舟山的0.827是最低值丽水的0.317的2倍多，排名相差76位（如图2-7所示），反映出浙江省城市绿色发展原动力不平衡的问题，亟待进一步发挥绿色技术创新的溢出效应，促进城市间绿色技术创新合作和绿色化高质量协同发展。

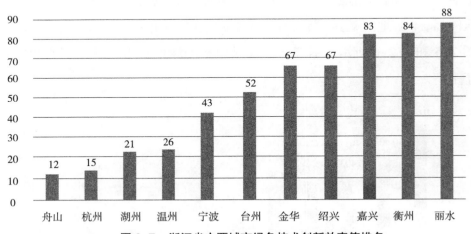

图2-7　浙江省主要城市绿色技术创新效率值排名

第三章　浙江省绿色发展生态环境约束

习近平总书记高度重视长江经济带生态环境保护工作，多次作出重要指示批示，特别是强调"要把修复长江经济带生态环境摆在压倒性位置""涉及长江的一切经济活动都要以不破坏生态环境为前提"，坚持"共抓大保护、不搞大开发"。《中共中央国务院关于全面加强生态环境保护坚决打好污染防治攻坚战的意见》（中发〔2018〕17 号）要求，省级党委和政府加快确定生态保护红线、环境质量底线、资源利用上线，制定生态环境准入清单（以下简称"三线一单"）。2020 年 3 月 30 日—4 月 1 日，习近平总书记在浙江考察时提出，浙江要"努力成为新时代全面展示中国特色社会主义制度优越性的重要窗口""生态文明建设要先行示范""把绿水青山建得更美，把金山银山做得更大，让绿色成为浙江发展最动人的色彩"。

浙江省委、省政府高度重视，按照国家总体部署和习近平总书记"重要窗口"的指示精神，将"三线一单"编制实施作为践行"绿水青山就是金山银山"理念，推进生态文明建设迈上新台阶的一项重要工作予以推进，让生态成为"重要窗口"的厚实本底，让美丽成为"重要窗口"的普遍形态，让绿色成为"重要窗口"的品质追求。"三线一单"根据浙江省区域发展战略定位，聚焦生态环境、资源能源、产业发展等方面存在的突出问题，划定了生态保护红线，确定了大气环境和水环境质量底线目标以及土壤环境风险防控底线目标，提出了能源、水资源和土地资源利用上线目标，建立了功能明确、边界清晰的环境管控单元和生态环境准入清单。

浙江省共划定陆域环境管控单元 2507 个。陆域优先保护单元 1063 个，占浙江省总面积的 50.30%，主要为自然保护区、风景名胜区、森林公园、湿地公园及重要湿地、饮用水源保护区、生态公益林等重要保护地以及生态功能较重要的地区。重点管控单元 1117 个，占浙江省总面积的 14.31%，其中，产业集聚重点管控单元 612 个，主要为工业发展集中区域；城镇生活重点管控单元 505 个，主要为城镇建设集中区域。陆域一般管控单元 327 个，占浙江省总面积的 35.39%。划定海洋环境管控单元 206 个，其中，优先保护单元 104 个，占浙江省海域总面积的 33.03%；重点管控单元 80 个，占浙江省海域总面积的 15.55%；一般管控单元 22 个，占浙江省海域总面积的 51.42%。基于区域发展格局特征、生态环境功能定位、环境质量目标和环境风险管控要求，建立了总体和环境管控单元分类别生态环境准入清单和工业项目分类表。

第一节 "三线一单"生态环境分区管控

以改善生态环境质量为核心，明确生态保护红线、环境质量底线、资源利用上线，划定环境管控单元，在一张图上落实"三线"的管控要求，编制生态环境准入清单，构建环境分区管控体系。

"三线一单"编制就是通过"划框子、定规则"，优化空间布局、调整产业结构、控制发展规模、保障生态功能，为战略环评与规划环评落地以及项目环评管理提供依据和支撑，为加强生态环境保护、促进形成绿色发展方式和生产生活方式提供抓手。

"三线一单"编制工作范围为浙江省杭州、宁波、温州、嘉兴、湖州、绍兴、金华、衢州、舟山、台州和丽水 11 个设区市，陆域总面积达 10.43 万平方千米，占长江经济带九省二市面积的 4.97%。海域面积达 4.44 万平方千米。见图 3-1。

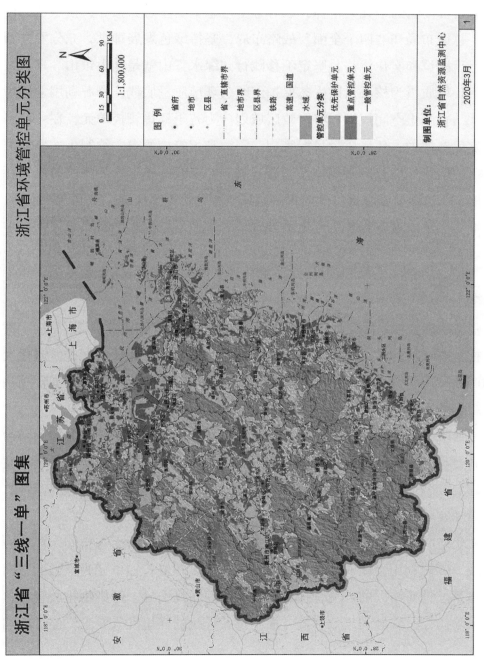

图 3-1　浙江"三线一单"图示

一、指导思想

深入贯彻党的十九大精神，以习近平生态文明思想为指导，按照"五位一体"总体布局和"四个全面"战略布局，坚持绿色发展理念，充分发挥浙江生态、区位和文化优势，坚定不移践行"绿水青山就是金山银山"理念，以改善环境质量为核心，以生态保护红线、环境质量底线、资源利用上线为基础，结合国土空间规划，将行政区域划分为若干环境管控单元，在一张图上落实生态保护、环境质量目标管理、资源利用管控要求，编制生态环境准入清单，构建环境分区管控体系。通过编制"三线一单"，为战略与规划环评落地、项目环评管理提供硬约束，为其他环境管理工作提供空间管控依据，促进形成绿色发展方式和生产生活方式，为区域发展重大战略决策提供科学依据。

二、基本原则

坚持生态优先，强化绿色发展。认真践行"绿水青山就是金山银山"理念，把生态环境保护摆在压倒性位置，以"三线一单"为导向促进城镇化发展和产业结构调整，将生态文明建设的理念、要求融入空间布局、经济发展、产业结构等多层次多领域，实施绿色发展。

加强统筹衔接，紧抓重点突破。衔接生态保护红线划定、相关污染防治规划和行动计划的实施以及环境质量目标管理、环境承载能力监测预警、空间规划、战略和规划环评等工作，统筹实施分区环境管控，以环境问题为导向，结合浙江实际情况，紧抓重点领域环境管控。

强化空间管控，突出差别准入。集成生态保护红线及生态空间、环境质量底线、资源利用上线的环境管控要求，形成以环境管控单元为基础的空间管控体系。针对不同的环境管控单元，从空间布局引导、污染物排放管控、环境风险防控、资源利用效率等方面制定差异化的环境准入要求，促进精细化管理。

坚持因地制宜，实施动态更新。在落实国家和浙江省相关要求的前提下，因地制宜选择科学可行的技术方法，合理确定管控单元的空间尺度，制定符合地方实际情况的"三线一单"。区域发展规划、国土空间规划等依法依规调整的，"三线一单"作相应动态更新。

第二节　生态管控单元划定

按照优先保护、重点管控、一般管控的优先顺序，结合城镇开发边界和浙江省环境功能区划成果，以生态、大气、水等环境要素边界为主，衔接乡镇行政边界、环境功能区划分区边界，建立功能明确、边界清晰的环境管控单元，统一环境管控单元编码，实施分类管理。

浙江省共划定陆域环境管控单元 2507 个。其中优先保护单元 1063 个，面积为 52476.50 平方千米，占浙江省陆域总面积的 50.30%。重点管控单元 1117 个，面积为 14926.58 平方千米，占浙江省陆域总面积的 14.31%，其中产业集聚重点管控单元 612 个，城镇生活重点管控单元 505 个。一般管控单元 327 个，总面积为 36914.13 平方千米，占浙江省陆域总面积的 35.39%。划定海洋环境管控单元 206 个。其中，优先保护单元 104 个，面积为 14377.85 平方千米，占浙江省海域总面积的 33.03%；重点管控单元 80 个，面积为 6767.46 平方千米，占浙江省海域总面积的 15.55%；一般管控单元 22 个，面积为 22378.11 平方千米，占浙江省海域总面积的 51.42%。见表 3-1 和表 3-2。

表 3-1　　　　　　　　　浙江省陆域环境管控单元划定情况

单元类别		个数	面积（平方千米）	面积比例（%）
优先管控单元		1063	52476.50	50.30
重点管控单元	产业集聚类	612	8081.64	7.75
	城镇生活类	505	6844.94	6.56
	合计	1117	14926.58	14.31
一般管控单元		327	36914.13	35.39

表 3-2 浙江省海洋环境管控单元划定情况

地区	优先保护单元			重点管控单元			一般管控单元			环境管控单元个数
	个数	面积（平方千米）	比例（%）	个数	面积（平方千米）	比例（%）	个数	面积（平方千米）	比例（%）	
浙江省	104	14377.85	33.03	80	6767.46	15.55	22	22378.11	51.42	206
宁波	26	3148.17	39.96	11	1170.34	14.85	2	3560.68	45.19	39
温州	28	2992.19	35.50	8	1300.74	15.43	2	4135.90	49.07	38
嘉兴	0	0.00	0	2	1528.36	100	0	0.00	0.00	2
舟山	28	6646.12	34.80	42	1957.07	10.25	17	10496.72	54.96	87
台州	22	1591.38	24.16	17	810.95	12.31	1	4184.81	63.53	40

一、优先保护单元

浙江省陆域优先保护单元总共有 1063 个，面积为 52476.50 平方千米。主要为自然保护区、风景名胜区、国家级森林公园、湿地公园及重要湿地、饮用水源保护区、国家级生态公益林等重要保护地，以及生态功能较重要的地区。见表 3-3。

表 3-3 浙江省陆域优先保护单元划定情况

地区	个数	面积（平方千米）	面积比例（%）
浙江省	1063	52476.50	50.30
杭州	196	9158.40	54.34
宁波	77	3180.94	33.96
温州	135	5525.34	47.58
嘉兴	44	690.76	16.16
湖州	48	2326.33	39.97
绍兴	110	3418.14	41.31
金华	93	4740.94	43.33
衢州	48	5064.47	57.26
舟山	41	609.02	45.02
台州	138	4689.99	48.35
丽水	133	13072.17	75.67

二、重点管控单元

浙江省陆域重点管控单元总共有 1117 个，主要为工业发展集中区域和城镇建设集中区域。其中产业集聚重点管控单元共有 612 个，面积为 8081.64 平方千米；城镇生活重点管控单元共有 505 个，面积为 6844.94 平方千米。见表 3-4。

表 3-4　　　　　　　　　　　浙江省陆域重点管控单元划定情况

地区	产业集聚类			城镇生活类			合计		
	个数	面积（平方千米）	面积比例（%）	个数	面积（平方千米）	面积比例（%）	个数	面积（平方千米）	面积比例（%）
浙江省	612	8081.64	7.75	505	6844.94	6.56	1117	14926.58	14.31
杭州	76	1260.53	7.48	45	1126.96	6.69	121	2387.49	14.17
宁波	86	1207.83	12.90	78	1232.66	13.16	164	2440.49	26.06
温州	65	506.44	4.36	57	507.57	4.37	122	1014.01	8.73
嘉兴	58	752.00	17.59	57	612.97	14.34	115	1364.97	31.93
湖州	31	588.79	10.12	20	533.97	9.17	51	1122.76	19.29
绍兴	46	759.49	9.18	41	652.21	7.88	87	1411.7	17.06
金华	75	1125.12	10.28	54	612.78	5.60	129	1737.90	15.88
衢州	35	420.82	4.76	30	369.79	4.18	65	790.61	8.94
舟山	37	342.90	25.35	29	156.17	11.55	66	499.07	36.89
台州	63	850.28	8.77	57	567.46	5.85	120	1417.74	14.62
丽水	40	267.44	1.55	37	472.39	2.73	77	739.83	4.28

三、一般管控单元

浙江省陆域一般管控单元总共有 327 个，面积为 36914.13 平方千米。见表 3-5。

表 3-5　　　　　　　　　　　浙江省陆域一般管控单元划定情况

地区	个数	面积（平方千米）	面积比例（%）
浙江省	327	36914.13	35.39
杭州	12	5307.68	31.49

续表

地区	个数	面积（平方千米）	面积比例（%）
宁波	12	3744.14	39.98
温州	13	5073.59	43.69
嘉兴	7	2219.32	51.91
湖州	5	2371.06	40.74
绍兴	6	3444.95	41.63
金华	131	4462.58	40.79
衢州	6	2989.71	33.80
舟山	28	244.60	18.08
台州	98	3592.44	37.03
丽水	9	3464.06	20.05

第三节　生态保护红线及生态管控分区

一、生态保护红线

根据《生态保护红线划定指南》要求，开展生态功能重要性评估和生态环境敏感性评估，在此基础上与禁止开发区域和其他有必要严格保护的各类保护地进行校验，形成浙江省生态保护红线划定成果。2018 年 7 月，《浙江省生态保护红线》经省政府批复并发布实施。浙江省生态保护红线总面积达 38928.15 平方千米，占浙江省土地面积和管辖海域的 26.25%。

陆域生态保护红线面积为 24843.91 平方千米，占浙江省陆域国土面积的 23.82%。浙江省陆域生态保护红线主要包括水源涵养、生物多样性维护、水土保持和其他生态功能重要区生态保护红线等四种类型、五个分区。11 市陆域生态保护红线分布面积及占比见表 3-6。杭州市生态保护红线面积和占比最高，主要是因为淳安县作为长三角战略水源地和生态屏障，全县域 80% 的面积划入了生态保护红线。衢州和丽水市划定的生态保护红线面积比例远远超出浙江省平均水平，这与其位于浙江省生态保护屏障地区生态系统服务功能相对较高有关。另外，舟山是海岛地区，嘉兴处于东北水网平原，因此两市生态保护红线面积比例较低。

海洋生态保护红线面积为 14084.24 平方千米，占浙江省管辖海域面积的 31.72%，其中禁止类红线区面积为 768.80 平方千米，占浙江省海洋红线区面积的 5.46%；限制类红线区面积为 13315.44 平方千米，占浙江省海洋红线区的 94.54%。岸线生态保护红线分大陆自然岸线和海岛自然岸线，其中大陆自然岸线总长 747.5 千米，海岛自然岸线总长 3509.16 千米。

浙江省生态保护红线基本格局呈"三区一带多点"。"三区"为浙西南山地丘陵生物多样性维护与水源涵养区、浙西北丘陵山地水源涵养和生物多样性维护区和浙中东丘陵水土保持和水源涵养区。主要生态功能为生物多样性维护、水源涵养和水土保持。"一带"为浙东近海生物多样性维护与海岸生态稳定带，主要生态功能为生物多样性维护。"多点"为部分省级以上禁止开发区域及其他保护地，具有水源涵养和生物多样性维护等功能。

表 3-6　　　　　　　　　浙江省各地市生态保护红线划定结果

地区	生态保护红线面积（平方千米）	生态保护红线面积比例（%）
杭州	5594.63	33.20
丽水	5493.78	31.80
衢州	2473.28	27.96
金华	2778.83	25.40
温州	2394.50	20.62
台州	1881.49	19.40
绍兴	1576.84	19.06
宁波	1670.35	17.84
湖州	865.45	14.87
舟山	110.70	8.18
嘉兴	108.80	2.55

二、 一般生态空间

在生态系统服务功能重要性评估及生态环境敏感性评估的基础上，将水源涵养、生物多样性保护、水土保持等生态功能极重要、重要和极敏感、敏感区域进行叠加，并和环境功能区划定的自然生态红线区和生态功能保障区以及各类保护地进行校验，再去除生态保护红线外的建制乡镇的建设规划范围以及部分集中连片的农田、园地等区域，为陆域生态空间。陆域生态空间中除生态保护红线以外的部分为一般生态空间。

　　浙江省划定生态空间面积为 68620.03 平方千米，占浙江省土地面积和管辖海域面积的 46.14%。其中陆域生态空间面积为 54535.79 平方千米，占浙江省陆域总面积的 52.28%；海洋生态空间面积为 14084.24 平方千米（含限制类），占浙江省海域总面积的 31.72%。

　　浙江省生态空间格局主要是以浙西南浙西北丘陵山区"绿色屏障"与浙东近海海域"蓝色屏障"为骨架，以浙东北水网平原、浙西北山地丘陵、浙中丘陵盆地、浙西南山地、浙东沿海及近岸和浙东近海及岛屿等六大生态区为主体。其中，浙东北水网平原的主导生态服务功能为城镇发展，同时兼有泄洪排涝和湿地的功能；浙西北山地丘陵的主导生态服务功能是土壤保持、水源涵养及生物多样性保护；浙中丘陵盆地的主导生态服务功能是水土保持、水源涵养及生物多样性保护；浙西南山地的主导生态服务功能是生物多样性保护、水源涵养和土壤保持；浙东沿海及近岸的主导生态服务功能是生物多样性保护、生态系统产品提供和城镇发展等；浙东近海及岛屿的主导生态服务功能是生物多样性保护、生态系统产品提供。

　　陆域生态空间中，除生态保护红线外的一般生态空间面积为 29587.14 平方千米，占浙江省陆域面积的 28.36%。见表 3–7。

表 3–7　　　　　　　　浙江省各地市生态空间及一般生态空间划定结果

地区	生态空间面积 （平方千米）	生态空间面积比例 （%）	一般生态空间面积 （平方千米）	一般生态空间面积比例 （%）
杭州	11061.38	65.63	5466.75	32.44
宁波	3446.29	36.80	1775.94	18.96
温州	5520.50	47.54	3126.00	26.92
嘉兴	718.53	16.81	609.73	14.26
湖州	2326.01	39.96	1460.56	25.09
绍兴	3342.56	40.40	1765.72	21.34
金华	4747.52	43.39	1968.70	17.99
衢州	5052.65	57.13	2579.37	29.16
舟山	612.42	45.27	501.72	37.09
台州	4680.11	48.25	2798.62	28.85
丽水	13027.81	75.41	7534.03	43.61

三、水环境质量底线目标

按照水环境质量"只能更好，不能变坏"的原则，基于水环境主导功能、上下游传输关系、水源涵养需求等内容，衔接水环境功能区划、"水十条"实施方案、"十三五"生态保护规划、水污染防治目标责任书以及《关于高标准打好污染防治攻坚战高质量建设美丽浙江的意见》等既有要求，考虑水环境质量改善潜力，确定水环境质量底线。

（一）浙江省总体底线

到 2020 年，省控断面达到或优于Ⅲ类水质比例达到 83%，深化巩固剿劣成效，Ⅴ类水质断面大幅减少。确保 2020 年近岸海域海水优良（一、二类）比例不低于 23.3%。到 2025 年，省控断面达到或优于Ⅲ类水质比例达到 85%，浙江省县级以上饮用水水源地水质和跨行政区域河流交接断面水质力争实现 100% 达标。力争"十四五"近岸海域海水优良（一、二类）比例比"十三五"提高 5 个百分点以上。到 2035 年，浙江省水环境质量全面改善，水功能区全面达标，水生态系统实现良性循环。

（二）浙江省八大水系控制底线

到 2020 年，八大水系中，钱塘江、曹娥江、椒江、瓯江、飞云江、苕溪六个水系Ⅰ—Ⅲ类水质断面比例保持在 100%；甬江Ⅰ—Ⅲ类水质断面比例达到 88%；鳌江Ⅱ—Ⅲ类水质断面达到 78%；京杭运河Ⅱ—Ⅲ类水质断面达到 60%，浙江省平原河网Ⅲ类水质断面达到 40%。到 2025 年，八大水系中，钱塘江、曹娥江、椒江、瓯江、飞云江、苕溪六个水系Ⅰ—Ⅲ类水质断面比例保持在 100%；甬江Ⅰ—Ⅲ类水质断面比例达到 90%；鳌江Ⅱ—Ⅲ类水质断面达到 80%；京杭运河Ⅱ—Ⅲ类水质断面达到 63%，浙江省平原河网Ⅲ类水质断面达到 42%。到 2035 年，八大水系中，钱塘江、曹娥江、椒江、瓯江、飞云江、苕溪六个水系Ⅰ—Ⅲ类水质断面比例保持在 100%；甬江Ⅰ—Ⅲ类水质断面比例达到 95%；鳌江Ⅱ—Ⅲ类水质断面达到 85%；京杭运河Ⅱ—Ⅲ类水质断面达到 70%，浙江省平原河网Ⅲ类水质断面达到 50%。

第四节　资源利用上线与底线目标

一、能源（煤炭）资源利用上线目标

根据《中共中央国务院关于全面加强生态环境保护坚决打好污染防治攻坚战的意见》（中发〔2018〕17号）、《国务院关于印发打赢蓝天保卫战三年行动计划的通知》（国发〔2018〕22号）、《国务院关于印发"十三五"节能减排综合工作方案的通知》（国发〔2016〕74号）、《中央财经委员会办公室关于印发〈关于落实中央财经委员会第五次会议主要任务分工方案〉的通知》（中财办发〔2019〕4号）和《国家发展改革委关于做好当前节能工作有关事项的通知》（发改环资〔2020〕487号）要求，确定能源利用目标：到2020年，基本建立能源"双控""减煤"倒逼产业转型升级体系，着力淘汰落后产能和压减过剩产能，努力完成国家下达的"十四五"能耗强度和"减煤"目标任务。

二、水资源利用上线目标

根据《浙江省实行水资源消耗总量和强度双控行动加快推进节水型社会建设实施方案》（浙水保〔2017〕8号）以及《浙江省水利厅关于下达设区市实行最严格水资源管理制度考核指标的函》（浙水函〔2016〕268号）中对浙江省水资源开发利用效率的要求，到2020年浙江省年用水总量、工业和生活用水总量分别控制在224.0亿立方米和124.6亿立方米以内；万元国内生产总值用水量、万元工业增加值用水量分别比2015年降低23%和20%以上；农业亩均灌溉用水量进一步下降，农田灌溉水有效利用系数提高到0.6以上。见表3-8。

表 3-8　　　　　　　　　　浙江省各地市水资源利用上线

区域	用水总量控制指标				2020 年用水效率控制指标		
	用水总量（亿立方米）			其中生活和工业用水量（亿立方米）	万元 GDP 用水量下降率（%）	万元工业增加值用水量下降率（%）	农田灌溉水有效利用系数
	地表水	地下水	总量				
浙江省	221.81	2.20	224.01	124.6	23	20	0.600
杭州	42.75	0.25	43.00	28.40	25	23	0.608
宁波	23.73	0.07	23.80	14.50	19	16	0.593
温州	23.70	0.20	23.90	15.20	23	18	0.587
嘉兴	21.90	0.00	21.90	9.20	23	18	0.659
湖州	19.62	0.08	19.70	6.90	29	23	0.630
绍兴	22.00	0.20	22.20	13.20	23	18	0.591
金华	20.50	0.90	21.40	11.80	25	23	0.581
衢州	15.50	0.10	15.60	8.10	29	27	0.535
舟山	1.90	0.00	1.90	1.60	19	16	0.687
台州	20.46	0.34	20.80	11.40	23	23	0.580
丽水	9.75	0.06	9.81	4.30	29	23	0.584

三、土地资源利用上线目标

衔接国土资源、规划、建设等部门对土地资源开发利用总量及强度的管控要求，包括基本农田保护面积、林地保护面积、城乡建设用地规模、人均城镇工矿用地等因素，作为土地资源利用上线要求。到 2020 年，浙江省耕地保有量不少于 2818 万亩，永久基本农田保护面积不少于 2398 万亩，建设用地总规模控制在 2018 万亩以内，城乡建设用地规模控制在 1510 万亩以内。到 2020 年，人均城镇工矿用地控制在 121 平方米以内，万元二三产业增加值用地量控制在 25.5 平方米以内。见表 3-9。

表 3-9　　　　　　　　　浙江省各地市土地利用主要控制指标

地区	耕地保有量（万亩）	基本农田保护面积（万亩）	建设用地总规模（万亩）	城乡建设用地（万亩）	人均城乡建设用地（平方米）	人均城镇工矿用地（平方米）	建设用地均产（万元/亩）	产业 GDP 用地量（平方米）
杭州	309.77	254.5	373.48	230.9	160	112	40	17.1
宁波	323.31	276.5	295.93	233.3	185	130	41	19.8

续表

地区	耕地保有量（万亩）	基本农田保护面积（万亩）	建设用地总规模（万亩）	城乡建设用地（万亩）	人均城乡建设用地（平方米）	人均城镇工矿用地（平方米）	建设用地均产（万元/亩）	产业GDP用地量（平方米）
温州	330.48	290.5	180.68	143.6	110	90	40	22.2
嘉兴	298.19	259.5	179.41	153.5	200	130	31	25.7
湖州	220.64	180	143.89	115	220	130	23	38.6
绍兴	288.53	240	185.63	146.7	180	120	38	24.6
金华	313.53	271.5	204.82	154.2	170	130	25	35.2
衢州	203.79	178.5	111.94	81.1	230	130	16	56.1
舟山	35.04	25.5	64.73	45.6	210	125	31	29.8
台州	270.88	234	183.46	143.5	150	110	30	28.3
丽水	223.84	187.5	94.03	62.6	180	114	19	52.3

四、土壤环境风险防控底线目标

按照土壤环境质量"只能更好、不能变坏"原则，结合浙江省及各设区市土壤污染防治工作方案要求与土壤环境质量状况，设置土壤环境质量底线：到 2020 年，浙江省土壤污染加重趋势得到初步遏制，农用地和建设用地土壤环境安全得到基本保障，土壤环境风险得到基本管控，受污染耕地安全利用率达到 91% 左右，污染地块安全利用率达到 90% 以上。到 2025 年，土壤环境质量稳中向好，受污染耕地安全利用率、污染地块安全利用率均达到 92% 以上。到 2035 年，土壤环境质量明显改善，生态系统基本实现良性循环。见表 3–10。

表 3–10 　　　　　　　　　浙江省各地市土壤环境风险管控底线

区域	2020 年		2035 年	
	受污染耕地安全利用率（%）	污染地块安全利用率（%）	受污染耕地安全利用率（%）	污染地块安全利用率（%）
浙江省	91 左右	90 以上	95 以上	95 以上
杭州	92 左右	93 以上	95 以上	95 以上
宁波	92 左右	92 以上	95 以上	95 以上
温州	92 左右	不低于 92	95 以上	95 以上
嘉兴	92 左右	不低于 92	95 以上	95 以上
湖州	92	92 以上	95 以上	95 以上
绍兴	92	不低于 92	95 以上	95 以上

区域	2020 年		2035 年	
	受污染耕地安全利用率（%）	污染地块安全利用率（%）	受污染耕地安全利用率（%）	污染地块安全利用率（%）
金华	92 以上	92 以上	95 以上	95 以上
衢州	92 左右	92 以上	93 以上	93 以上
舟山	92 左右	不低于 92	95 以上	95 以上
台州	92 以上	95 以上	95 以上	95 以上
丽水	92 左右	不低于 92	95 以上	95 以上

第五节　生态环境准入清单

省级生态环境准入清单是浙江省分区分类管控的基本要求，各地应根据自身的区域生态环境功能定位及管控单元的环境质量目标和环境风险管控要求，在不突破省级生态环境准入清单的前提下，进一步细化补充相应的分区分类生态环境准入要求。

一、总体准入清单

环境质量不达标区域和流域，新建项目需符合环境质量改善要求。加强湿地保护和修复，强化河流、湖库水域保护及管理。最大限度保留区内原有自然生态系统，保护好河湖湿地生境，禁止未经法定许可占用水域和建设影响河道自然形态和水生态（环境）功能的项目；除防御洪水、航道整治等需求外，不应新建非生态型护岸。水电工程建设应保证合理的下泄生态流量，并实施生态流量在线监控。按照国务院加强滨海湿地保护、严格管控围填海的相关要求，加强围填海管控。

落实省市水污染物总量控制和重点海域污染物排放总量控制制度，严格执行地区削减目标。优化产业空间布局，严格按照区域水环境承载能力设置环境准入门槛，严格限制在饮用水水源保护区等重要水体上游建设水污染较大、水环境风险较高的项目；严格限制在重要湖库和太湖流域建设氮磷污染物排放较高的项目。加快城乡污水处理设施建设与提标改造，推进生活小区和工业集聚区"零直排"区建设。加强对纳管企业总氮、总磷、重金属和其他有毒有害污染物的管控。加大农业面源污染防治，严格执行畜禽养殖禁养区规定，深入实施化肥农药减量增效行动，加强水产养殖分区分类管理，逐步调减近岸海域的养殖规模。针对港湾污染重点管控区，严格控制开发强度，规范入海排污口设置，实施重点海域排污总量控制制度，严格管控涉海重大工程环境风险，完善分类分级的海上应急监测及处置预案，在石化基地、危化品储存区、滨海核电设施等邻近海域部署快速监测能力和应急处置物资设备。

严格控制新增燃煤项目建设，严格控制燃煤机组新增装机规模，不再新建35蒸吨/时以下的高污染燃料锅炉。严禁新增钢铁、焦化、电解铝、铸造、水泥和平板玻璃产能。禁止新增化工园区，加大现有化工园区整治力度。未纳入《石化产业规划布局方案》的新建炼化项目一律不得建设。加快城市主城区内钢铁、石化、化工、有色金属冶炼、水泥、平板玻璃等重污染企业搬迁改造。严格落实《关于执行国家排放标准大气污染物特别排放限值的通告》要求，全面实施国家大气污染物排放标准中的二氧化硫、氮氧化物、颗粒物和挥发性有机物特别排放限值。开展生物质锅炉综合整治，实施燃煤锅炉超低排放改造。加强机动车污染防治，启动非道路移动机械治理。严格控制新建高污染、高风险的涉气项目，强化源头管控，逐步削减大气污染物排放总量。

严格土壤污染风险管控。严格按照土壤污染防治相关法律法规实施分类管控。在永久基本农田集中区域，不得新建可能造成土壤污染的建设项目，已经建成的，应当限期关闭拆除。对安全利用类农用地地块应当结合主要作物品种和种植习惯等情况，制定并实施安全利用方案；对严格管控类农用地地块应当采取相应的风险管控措施。对安全利用类农用地和严格管控类农用地区域周边原有的工业企业，应严格控制环境风险，逐步削减具有土壤污染风险的污染物排放总量；农用地资源紧缺或耕地保有量不足的区域，应做好企业关闭搬迁计划和农用地土壤修复规划。

污染地块的开发利用实行联动监管。污染地块经治理与修复，并符合相应规划用地土壤环境质量要求后可以进入用地程序。列入建设用地土壤污染风险管控和修复名录的地块，不得作为住宅、公共管理和公共服务用地。对暂不开发利用的污染地块，实施以防止污染扩散为目的的风险管控。对拟开发利用为居住用地和商业、学校、医疗、养老机构等公共设施用地的污染地块，实施以安全利用为目的的风险管控。

严格执行相关行业企业布局选址要求，禁止在居民区和学校、医院、疗养院、养老院等单位周边新建、改建、扩建可能造成土壤污染的建设项目。土壤污染重点监管单位新（改、扩）建项目用地应当符合国家或地方有关建设用地土壤风险管控标准。支持电镀、制革、电池等涉重企业向工业园区集聚发展。涉重产业园区应严格准入管控，严控污染增量，实施总量替代，新建项目清洁生产水平达到国内先进水平；建立土壤和地下水污染隐患排查治理制度、风险防控体系和长效监管机制。

推进资源能源总量和强度"双控"，深化"亩均论英雄"改革。全面开展节水型社会建设，推进工业集聚区生态化改造，推进农业节水，提高用水效率。优化能源结构，加强能源清洁利用，落实煤炭消费减量替代要求，提高能源利用效率。

二、 环境管控单元分类准入清单

（一）优先保护单元

涉及的生态保护红线，严格按照国家和省生态保护红线管理相关规定进行管控。生态保护红线原则上按照禁止开发区域进行管理，禁止工业化和城镇化，确保生态保护红线内"生态功能不降低，面积不减少，性质不改变"。海洋生态保护红线按照禁止类和限制类分类实施管控。涉及的各类保护地，严格按照相应法律法规和相关规定进行管控。

其他优先保护区域按照以下要求进行管控：

空间布局引导：按照限制开发区域进行管理。禁止新建、扩建三类工业项目，现有三类工业项目改建要削减污染物排放总量，涉及一类重金属、持久性有机污染物排放的现有三类工业项目原则上结合地方政府整治要求搬迁关闭，鼓励其他现有三类工业项目搬迁关闭。禁止新建涉及一类重金属、持久性有机污染物排放的二类工业项目；禁止在工业功能区（包括小微园区、工业集聚点等）外新建其他二类工业项目；二类工业项目的新建、扩建、改建不得增加管控单元污染物排放总量。原有各种对生态环境有较大负面影响的生产、开发建设活动应逐步退出。

禁止未经法定许可在河流两岸、干线公路两侧规划控制范围内进行采石、取土、采砂等活动。严格限制矿产资源开发项目，确需开采的矿产资源及必须就地开展矿产加工的新改扩建项目，应以点状开发为主，严格控制区域开发规模。严格限制水利水电开发项目，禁止新建除以防洪蓄水为主要功能的水库、生态型水电站外的小水电。严格执行畜禽养殖禁养区规定，控制湖库型饮用水源集雨区规模化畜禽养殖项目规模。

污染物排放管控：严禁水功能在Ⅱ类以上河流设置排污口，管控单元内工业污染物排放总量不得增加。

环境风险防控：加强区域内环境风险防控，不得损害生物多样性维持与生境保护、水源涵养与饮用水源保护、营养物质保持等生态服务功能。在进行各类建设开发活动前，应加强对生物多样性影响的评估，任何开发建设活动不得破坏珍稀野生动植物的重要栖息地，不得阻隔野生动物的迁徙通道。

推进饮用水水源保护区隔离和防护设施建设，提升饮用水水源保护区应急管理水平。完善环境突发事故应急预案，加强环境风险防控体系建设。

各地结合区域发展格局特征、生态环境问题及生态环境质量目标要求，建立优先保护单元的准入清单。

（二）重点管控单元

空间布局引导：根据产业集聚区块的功能定位，建立分区差别化的产业准入条件。严格控制重要水系源头地区和重要生态功能区三类工业项目准入。优化完善区域产业布局，合理规划布局三类工业项目，鼓励对三类工业项目进行淘汰和提升改造。合理规划居住区与工业功能区，在居住区和工业区、工业企业之间设置防护绿地、生活绿地等隔离带。

污染物排放管控：严格实施污染物总量控制制度，根据区域环境质量改善目标，削减污染物排放总量。新建二类、三类工业项目污染物排放水平要达到同行业国内先进水平。加快落实污水处理厂建设及提升改造项目，推进工业园区（工业企业）"污水零直排区"建设，所有企业实现雨污分流。加强土壤和地下水污染防治与修复。

环境风险防控：定期评估沿江河湖库工业企业、工业集聚区环境和健康风险。强化工业集聚区企业环境风险防范设施设备建设和正常运行监管，加强重点环境风险管控企业应急预案制定，建立常态化的企业隐患排查整治监管机制，加强风险防控体系建设。

资源开发效率要求：推进工业集聚区生态化改造，强化企业清洁生产改造，推进节水型企业、节水型工业园区建设，落实煤炭消费减量替代要求，提高资源能源利用效率。

（三）城镇生活类重点管控单元

空间布局引导：禁止新建、扩建三类工业项目，现有三类工业项目改建不得增加污染物排放总量，鼓励现有三类工业项目搬迁关闭。禁止新建涉及一类重金属、持久性有机污染物排放等环境健康风险较大的二类工业项目。除工业功能区（小微园区、工业集聚点）外，原则上禁止新建其他二类工业项目。现有二类工业项目改建、扩建，不得增加管控单元污染物排放总量。严格执行畜禽养殖禁养区规定。推进城镇绿廊建设，建立城镇生态空间与区域生态空间的有机联系。

污染物排放管控：严格实施污染物总量控制制度，根据区域环境质量改善目标，削减污染物排放总量。污水收集管网范围内，禁止新建除城镇污水处理设施外的入河（或湖或海）排污口，现有的入河（或湖或海）排污口应限期拆除，但相关法律法规和标准规定必须单独设置排污口的除外。加快污水处理设施建设与提标改造，加快完善城乡污水管网，加强对现有雨污合流管网的分流改造，推进生活小区"零直排"区建设。加强噪声和臭气异味防治，强化餐饮油烟治理，严格施工扬尘监管。加强土壤和地下水污染防治与修复。

环境风险防控：合理布局工业、商业、居住、科教等功能区块，严格控制噪声、恶臭、油烟等污染排放较大的建设项目布局。

资源开发效率要求：全面开展节水型社会建设，推进节水产品推广普及，限制高耗水服务业用水，到 2020 年，县级以上城市公共供水管网漏损率控制在 10% 以内。

各地结合区域发展格局特征、生态环境问题及生态环境质量目标要求，建立重点管控单元的准入清单。

（四）一般管控单元

空间布局引导：原则上禁止新建三类工业项目，现有三类工业项目扩建、改建不得增加污染物排放总量并严格控制环境风险。禁止新建涉及一类重金属、持久性有机污染物排放的二类工业项目；禁止在工业功能区（包括小微园区、工业集聚点等）外新建其他二类工业项目，一二产业融合的加工类项目、利用当地资源的加工项目、工程项目配套的临时性项目等确实难以集聚的二类工业项目除外；工业功能区（包括小微园区、工业集聚点等）外现有其他二类工业项目改建、扩建，不得增加管控单元污染物排放总量。建立集镇居住商业区、耕地保护区与工业功能区等集聚区块之间的防护带。严格执行畜禽养殖禁养区规定，根据区域用地和消纳水平，合理确定养殖规模。加强基本农田保护，严格限制非农项目占用耕地。

污染物排放管控：落实污染物总量控制制度，根据区域环境质量改善目标，削减污染物排放总量。加强农业面源污染治理，严格控制化肥农药施加量，加强水产养殖布局合理化，控制水产养殖污染，逐步削减农业面源污染物排放量。

环境风险防控：加强生态公益林保护与建设，防止水土流失。禁止向农用地排放重金属或者其他有毒有害物质含量超标的污水、污泥，以及可能造成土壤污染的清淤底泥、尾矿、矿渣等。加强农田土壤、灌溉水的监测及评价，对周边或区域环境风险源进行评估。

资源开发效率要求：实行水资源消耗总量和强度双控，推进农业节水，提高农业用水效率。优化能源结构，加强能源清洁利用。

第四章 浙江省绿色发展战略举措

浙江作为习近平新时代中国特色社会主义思想的重要萌发地，历届省委、省政府始终坚持以人民为中心，积极实施和深化"八八战略"，积极践行绿水青山就是金山银山理念，深入推进"最多跑一次"改革，充分发挥政府在绿色发展过程中的主导和引领作用，保证绿色发展的公共服务供给。坚持全方位全地域持续推进，打出绿色发展组合拳，保证绿色发展的连续性和实效性。建设全域大花园、打造特色小镇，在社会需求、环境健康和经济繁荣之间寻求平衡。根据中国人民大学国家发展与战略研究院发布的《中国经济绿色发展报告 2018》，浙江绿色发展指数位居全国第一，成为美丽中国的先行者和示范者，开辟了绿水青山就是金山银山理念地方实践的新境界。将绿色发展纳入政府的决策，建立和健全生态可持续发展制度，提高政府在绿色发展中的导向性作用，实施绿色考核机制，促使领导干部切实履行自然资源资产管理和生态环境保护的责任，推进绿色发展向纵深发展。

第一节 绿色产业主导

浙江在绿色发展实践中，紧密结合生态环境实际问题和产业结构优化升级的现实需要，打出绿色发展组合拳，促进生态环境持续改善。

一、绿色产业发展指导

国家发改委、工信部、自然资源部、生态环境部、住房和城乡建设部、中国人民银行、国家能源局联合印发了《绿色产业指导目录（2019 年版）》（后简称《目录》），提出了绿色产业发展重点。

国家发改委环资司有关负责人表示，绿色产业是推动生态文明建设的基础和手段，但由于"绿色"概念较为宏观、抽象，各部门对"绿色产业"的边界界定不一，产业政策无法聚焦，存在"泛绿化"现象，不利于绿色产业发展。

广义的绿色发展贯穿于国民经济和社会发展的各领域和全过程，但政策、资金等资源有限，客观上要求在扶持绿色产业发展上应立足当下、厘清主次、把握关键，紧紧抓住现阶段的"牛鼻子"，把有限的政策资源用在刀刃上。

"基于以上考虑，亟须出台一个符合我国当前经济社会发展状况、产业发展阶段、资源生态环境特点、各方普遍认可的绿色产业指导目录，划定产业边界，协调部门共识，凝聚政策合力。"该负责人表示，此次制定《目录》参考了国际通行的绿色产业认定规则，以我国近年来生态文明建设、污染防治攻坚重点工作和资源环境国情为重点，广泛听取了各部门、各地方、各行业协会的意见建议。《目录》主要遵循了服务国家重大战略、切合发展基本国情、突出相关产业先进性、助力全面绿色转型的原则。

"既明确绿色产业相关领域，又对装备产品设置了较高的技术标准，推动相关产业提高供给质量和水平，体现产业的先进性、引领性，防止低端化、同质化倾向，引导从业者精益求精，促进行业整体升级。"该负责人举例说，在节能电机等大部分节能装备制造中，都明确要求必须达到能效水平 I 级及以上，确保了技术指标的先进性。

《目录》对节能环保产业、清洁生产产业、清洁能源产业等方面加以分类。此外，编制方还附录了《绿色产业指导目录（2019年版）解释说明》，对每个产业的内涵、主要产业形态等内容加以解释。《目录》将作为各地区、各部门明确绿色产业发展重点、制定绿色产业政策、引导社会资本投入的主要依据，统一各地方、各部门对"绿色产业"的认识，确保精准支持、聚焦重点。国家发展改革委将会同相关部门，依托社会力量，设立绿色产业专家委员会，逐步建立绿色产业认定机制。

《浙江省循环经济发展"十四五"规划》将做大做强优势绿色产业作为重点任务：

（1）培育绿色产业市场主体。根据国家《绿色产业指导目录》，结合浙江省绿色产业发展基础和条件，支持绿色产业市场主体做大做强，扩大国内外影响力，推动绿色产业新动能培育和高质量发展。进一步整合节能环保领域地方国有资产，向主责主业企业集中，重组优化省环保集团，提升综合竞争力。在绿色产业领域力争培育10家百亿级、100家十亿级、1000家亿级龙头企业，打造一批技术领先、管理精细、综合服务能力强、品牌影响力大的国际化绿色企业，带动全省绿色产业高质量发展。

（2）推进绿色产业集群发展。聚焦节能技术装备、环保技术装备、资源循环利用技术装备、新能源与清洁能源装备、新能源汽车等重点领域，加快推进绍兴诸暨、杭州青山湖省级环保产业示范园区，温州、湖州储能与动力电池产业基地，杭州、宁波风机整机及核心配套装备产业基地，杭州、宁波新能源汽车产业基地，嘉兴、义乌光伏产业装备基地，海盐核电关联产业基地建设。着力打造一批规模经济效益显著、专业特色鲜明、综合竞争力较强的绿色产业示范基地，建设一批集聚、创新发展的省级绿色产业特色小镇，形成环杭州湾、环太湖等一批绿色产业集群。

（3）推动绿色服务模式创新。积极打通绿色产业技术研发、成果转化、产业化应用与市场需求等环节，组建信息共享、合作共赢、互惠互利的产学研用一体的绿色产业发展联盟，强化自主创新和产业化示范应用，破解浙江省绿色产业发展的技术瓶颈。积极推行合同能源管理、合同节水管理，推广"虎哥回收"、浦江环卫一体化及环境污染第三方治理等区域环境托管服务新模式。加强跨领域、跨学科产业协同创新，在污水高效处理与再生利用、固废资源化、新能源开发利用等方面开展一批集成示范项目，探索协同治理新模式。

二、绿色产业发展政策

（一）精心培育绿色产业，形成网络化产业集群

精心培育绿色产业，绿色产业是环境友好型、资源节约型和效益优良型产业，符合未来产业发展趋势。发展绿色产业有利于改善产业结构，促进经济绿色化转型。各地可根据本地的资源禀赋特征，选择性地发展绿色产业，具体包括大数据、电子信息等新兴产业，循环农业、林业经济和林下经济等

绿色农业，生态旅游、健康养老、休闲度假等绿色服务业。

在培育绿色产业过程中，要形成集群发展的态势，就是要打造"点、线、面、体"一体化的产业组织，形成网络化的产业发展格局。"点"，就是产业中的龙头企业，"点"形成产业发展的牵引力。若产业内缺乏龙头企业，就要"内外兼修"，要么培育本地有前景、有活力的企业成为龙头企业，要么引进符合本地产业定位的实力企业。"线"是产业链、价值链、创新链、生态链，"线"形成产业发展的辐射力。若断链或链短，就要引进相关企业，实现补链和延链。"面"是园区，园区是产业的载体，"面"形成产业发展的承载力。因此，要完善园区功能配套和服务。"体"是基于本地产业的专业化市场，"体"形成产业发展的主导力。在专业化市场的建设中，要特别注重市场体系的建设，包括培育市场主体、建立市场规则、树立市场诚信、制定产品标准，使之更好地为本地绿色产业聚集市场资源。

（二）推进传统产业绿色化和循环化改造

通过对传统产业进行绿色化和循环化改造，将其纳入绿色发展轨道。一方面，以供给侧结构性改革为契机，依法运用各种政策手段，如环保、安全、技术标准等政策手段，对高污染、高能耗、过剩产能的传统产业进行绿色化改造，使之符合环保的要求。另一方面，推行循环生产方式，促进资源利用率提升。当前，要对已建成的传统产业园进行循环化改造，新建和正在建设中的产业园要按循环化的理念设计、建设。

通过税收优惠、低息贷款、生产要素倾斜性配置等政策手段，降低企业循环经济活动中的成本、风险和不确定因素，处理好循环不经济问题。此外，运用工业互联网优化企业内部循环、园区内部循环等循环流程，提高资源循环利用效率。

（三）创新与绿色产业结合构建体系

培育支撑绿色产业发展的服务体系，完善的服务体系能为绿色产业发展提供良好的外部环境，有利于绿色产业成长和发育。支撑绿色产业发展的服务体系包括绿色技术创新体系、绿色金融和绿色产业信息平台等。

一是构建绿色技术创新体系。绿色技术是绿色产业的核心要素，包括清洁生产技术、废弃物处理技术、资源循环利用技术等。绿色技术创新不能走"单兵作战"的老路，要整合社会创新资源，走协同创新的新路，就是要构建绿色技术创新体系。在技术创新过程中要发挥市场的导向作用，同时要赋予协同创新的参与者市场主体地位，允许其按市场原则进行交易，避免行政力量过度干预，让市场在配置科技资源上起决定性作用。

二是为绿色产业"量身定制"金融扶持政策，让绿色金融成为绿色产业发展的发动机，关键是要拓展绿色产业的融资渠道。除了政府财政出资建立各类绿色产业投资引导基金，引导社会资金进入绿色产业外，还可为绿色产业搭建融资平台。

三是搭建绿色产业信息平台，为绿色产业产、供、销等提供信息服务。

第二节 宜居环境构建

实施"千村示范、万村整治"工程，使浙江农村从"一处美"迈向"一片美"，从"一时美"走向"持久美"，从"形态美"跨向"制度美"；持续开展"811"环保专项行动，保证了浙江省环境保护能力和生态环境质量在全国的领先地位；实施"五水共治""三改一拆"、小城镇环境综合整治等一系列专项行动，努力改善生态环境，破解浙江经济发展与环境承载能力之间的矛盾。

一、乡村宜居环境

提升农村人居环境是个广义的概念，并不仅仅局限在改善农村生态环境上，也不只是加强美丽乡村建设这么简单。浙江人民建设美丽乡村15年，历届省委以"八八战略"为总纲，以"千村示范、万村整治"工程引领美丽乡村、美丽浙江建设，一张蓝图绘到底，一任接着一任干，实现人居环境的全面跃迁。当十九大报告提出的"开展农村人居环境整治行动"落地到浙江，因地制宜转化为更高要求——"高水平推进农村人居环境提升行动"，并首次梳理"五提升"的新概念。深入实施乡村振兴战略，总结深化"千村示范、万村整治"，聚焦生态宜居和大花园建设，坚持城乡统筹、"三生"（生产生活生态）融合、绿色发展、共建共享，高起点规划、高标准整治，着力解决城乡发展、环境卫生、风貌特色和管理体制机制等方面不平衡不充分问题，推动浙江省农村人居环境更优，在美丽宜居乡村建设中走在全国前列，为高水平推进美丽浙江建设和农村现代化建设打下扎实基础。

（一）系统提升农村生态环境保护

严格生态环境保护。全面实施生态文明示范创建行动计划，统筹山水林田湖草系统治理。落实城镇、农业、生态空间和生态保护红线，永久基本农田保护红线，城镇开发边界控制线，加强耕地资源保护和绿色空间守护。加强生物多样性保护，推进自然保护区、森林公园和湿地公园建设。落实最严格的水资源管理制度，加强山区小流域治理和水土保持生态建设。建设海洋生态建设示范区，推进海岸线整治修复，严守海洋生态红线。

加大生态环境治理。深化畜禽养殖场污染治理和病死动物无害化处理，全力推进农业面源污染防治，开展水产养殖污染治理，强化土壤环境综合治理。加大"低小散"企业整治力度，实现行业结构合理化、区域集聚化、企业生产清洁化、环保管理规范化。加强农村环境监管能力建设，严禁工业和城镇污染向农业农村转移，全面实行主要污染物排放财政收费制度、与出境水水质和森林质量挂钩的财政奖惩制度。

推进村庄绿化建设。开展"一村万树"行动和绿色生态村庄建设，大力发展珍贵树种、乡土树种，充分利用闲置土地开展植树造林、湿地恢复，重点加强房前屋后、进村道路、村庄四周等薄弱部位的绿化，构建多树种、多层次、多功能的村庄森林生态系统。健全村庄绿化长效管养制度，注重古树名木保护，预防和制止各类侵绿、占绿和毁绿行为。

打造生态田园环境。深入推进整洁田园、美丽农业建设，完善田间农业废弃物回收处置体系，加强农作物秸秆综合利用，推进农业投入品合理有效利用。深入推进农村"三改一拆"、平原绿化、"清三河"、地质灾害防治等工作，按照宜耕则耕、宜建则建、宜绿则绿、宜通则通的原则，积极开展村庄生态化有机更新和改造提升，深化"无违建县（市、区）"创建。

（二）全域提升农村基础设施建设

深入推进厕所革命。深化农村用户厕所无害化改造，普及卫生厕所。强化规划引导，推进农村公厕合理布局。按照卫生实用、环保美观、管理规范的要求，大力推进农村公厕和旅游厕所改造建设管理，积极建设生态公厕。

全面实施厕所粪污同步治理、达标排放或资源化利用。做好改厕与城乡生活污水治理的有效衔接。

统筹治理生活污水。加强农家乐、民宿等经营主体的污水治理，规范隔油池建设，推进农村污水处理设施提标改造。创建全国农村生活污水治理示范县，推动城乡生活污水治理统一规划、统一建设、统一运行、统一管理。强化县级政府监管主体责任，开展农村污水处理设施运维标准化试点，统筹推进生活污水系统治理。完善落实河长制、湖长制、滩长制、湾长制，深入实施河湖库塘清淤工程，建立健全轮疏机制，加强水系连通，巩固提升农村剿灭劣 V 类水成果。

普及垃圾分类处理。实施农村生活垃圾农户分类、回收利用、设施提升、制度建设、长效管理五大行动。完善农村生活垃圾农户分类、村收集、转运处理和就地处理模式。健全分类投放、分类收集、分类运输、分类处理机制。继续推进生活垃圾减量化、资源化、无害化处理试点，加强农村生活垃圾分类处理资源化站点建设。抓好非正规垃圾堆放点排查整治，推进村庄及庭院垃圾治理，重点整治垃圾山、垃圾围村、工业污染"上山下乡"。

提档升级基础设施。高水平推进"四好农村路"建设，完善农村公共交通服务体系，提升农村公路建、管、养、运一体化水平。加快实施百项千亿防洪排涝工程和"百河综治"工程，打造美丽河湖，巩固提升农村饮水安全。实施数字乡村战略，推进信息进村入户。加强乡村通信和广电网络建设，扩大光纤和移动网络覆盖范围，提升农村宽带接入和视（音）频服务能力。完善邮政网点，推动邮政快递合作，促进邮政业服务农村电子商务发展。实施新一轮农村电网改造升级工程，完善村庄公共照明设施。

（三）深化提升美丽乡村建设

全面加强规划设计。推进县域乡村建设规划编制全覆盖，推动县域乡村建设规划与美丽乡村建设规划、土地利用规划等多规合一。大力开展村庄设计，实行农房通用图集全覆盖，全面提升村庄设计和农房设计水平。制定乡村地域风貌特色营造技术指南和乡村建设色彩控制导则，加强村容村貌整治。结合建设"坡地村镇"、打造田园综合体等，加快浙派民居建设。

开展全域土地整治。实施百乡全域土地综合整治试点，对农村生态、农业、建设空间进行全域优化布局，对田、水、路、林、村等进行全要素综合整治，对高标准农田进行连片提质建设，对存量建设用地进行集中盘活，对美丽乡村和产业融合发展用地进行集约精准保障，对农村人居环境进行统一治理修复，实现农田集中连片、建设用地集中集聚、空间形态高效节约的土地利用格局。

规范农房改造建设。深化地质灾害隐患综合治理"除险安居"三年行动，健全完善农村危旧房风险防范机制和处置措施，及时发现和排除各类安全隐患。全面推进农村危房治理改造，严守质量安全底线。以安全实用、节能减排、经济美观、健康舒适为导向，开展绿色农房建设。抓好农村住房建设管理，开展村庄墙院和"赤膊墙"整治，形成县、乡、村农房管理机制，切实解决乱搭乱建问题。

强化景观风貌管控。按照先规划、后许可、再建设的原则和有项目必设计、无设计不施工的要求，严格规范乡村建设规划许可管理，认真落实农房建设管理规定。强化乡镇属地综合管理职责，实现基层规划、国土资源、综合行政执法等部门联合监管。村庄规划的主要内容应纳入村规民约。鼓励乡镇统一组织实施村庄环境整治、风貌提升等涉农工程项目。

深入开展示范建设。坚持以点带面、整乡整镇和点线面片相结合，全域提升美丽乡村建设水平。推进示范村串点成线、连线成片，促进乡村资源配置更为合理、服务功能更为完善、景观风貌更为协调、地域文化韵味更为彰显。深入开展卫生乡镇（街道）、卫生村创建活动，扎实推进美丽宜居村庄示范工作，积极创建美丽乡村示范县，培育美丽乡村示范乡镇和乡村振兴精品村，建设 A 级景区村，打造美丽乡村升级版。

（四）整体提升村落保护利用

推进全面系统保护。建立浙江省历史文化（传统）村落保护信息管理平台，加强对各类保护对象的挂牌保护，完善分级保护体系。探索开展传统建筑认领保护制度、传统民居产权制度改革，引导社会力量通过多种途径参与保护。注重保护的完整性、真实性和延续性，展现村落与地域环境相融的景观风貌特色。加大基础设施项目建设，健全保护管理体制，加强防灾能力建设，改善生产生活环境，增强村落保护发展综合能力。

加强保护利用监管。编制省域历史文化（传统）村落保护利用规划，统筹推进村落系统保护和整体利用。严格执行村落保护规划，加强技术指导，加快历史建筑和传统民居抢救性保护，使村落、传统民居与周边建筑景观环境相协调，彰显村落整体风貌。健全预警和退出机制，防止损害文化遗产价值。加强科学利用，有序培育发展休闲旅游、民间工艺作坊、民俗文化村、乡土文化体验，以及民宿、文化创意等特色产业。

传承弘扬优秀传统文化。实施农村优秀传统文化保护振兴工程，加强非物质文化遗产传承发展，挖掘农耕文化，复兴民俗活动，提升民间技艺。加大对传统工艺、民俗、戏剧、曲艺等的发掘力度，发挥优秀传统文化在凝聚人心、教化群众、淳化民风、培育产业中的重要作用。加强农村文化礼堂等公共文化服务设施建设。深化"千村故事"编撰和"千村档案"建立工作，推动文明村镇创建活动。

（五）统筹提升城乡环境融合发展

深化小城镇环境综合整治行动。加大小城镇环境综合整治攻坚力度。改善小城镇环境面貌，优化小城镇空间布局，完善小城镇基础服务功能。深化"腾笼换鸟"，加强老旧工业区改造，推进产镇融合，打造一批有文化、有特色、有产业的样板乡镇。巩固整治成果，健全长效管理机制，推进数字城管、智慧城镇等建设，提升治理水平。

加快特色小城镇培育建设。按照特色鲜明、产城融合、市场主体、惠及群众的要求，推进小城镇有重点、有特色发展，构建特色鲜明的产业形态、和谐宜居的美丽环境、彰显特色的传统文化、便捷完善的设施服务和充满活力的体制机制。制定特色小城镇规划设计编制标准，提高规划设计编制和项目实施水平。

促进城乡基础设施一体化建设。推动城镇基础设施向乡村延伸，促进城乡道路互联互通、供水管网无缝对接、污水管网向农村延伸、垃圾统一收运处理、公交一体化经营，提升乡村基础设施建设水平和效益。推动城镇医疗、教育、文化、体育、社会保障等向乡村延伸覆盖，促进城乡基本公共服务均等化。

二、城市宜居环境

城市的宜居性主要包括人文环境与自然环境协调，经济持续繁荣，社会和谐稳定，文化氛围浓郁，设施舒适齐备，适于人类工作、生活和居住。"人，诗意地栖居"，德国诗人荷尔德林的这句名言，几乎成为所有人的共同向往。"人，诗意地栖居"阐明了城市中人与人、人与自然的理想关系，体现了现代化城市的人居环境属性。

城市的宜居性是指所处城市呈现出经济繁荣、社会和谐、文化浓郁、环境优美、生活舒适等基本特征，主要包括人文环境与自然环境协调，经济持续繁荣，社会和谐稳定，文化氛围浓郁，设施舒适齐备，适于人类工作、生活和居住。

在推进新型城市化进程中，浙江有基础、有优势，通过宜居城市建设彰显空间和资源的合理布局和控制以及建筑的结构美和艺术性；倡导大量使用清洁能源、合理规划和使用土地、城市环境的高效设计利用，从而带来可持续的、高质量的生活。

（一）宜居城市的环境系统

宜居城市是一个由自然物质环境和社会人文环境构成的复杂巨系统。其自然物质环境包括自然环境、人工环境和设施环境三个子系统，其社会人文环境包括社会环境、经济环境和文化环境三个子系统。各子系统有机结合、协调发展，共同创造出健康、优美、和谐的城市人居环境，构成宜居城市系统。

宜居城市的自然物质环境主要包括城市自然环境、城市人工环境、城市设施环境三个子系统。其中城市自然环境主要包括美丽的河流、湖泊，大公园，一般树丛，富有魅力的景观，洁净的空气，非常适宜的气温条件等；城市人工环境主要包括杰出的建筑物、清晰的城市平面、宽广的林荫道系统、美丽的广场、艺术的街道、喷泉群等；城市设施环境分为城市基础设施和城市公共设施，主要包括便捷的交通、完善的公共卫生和医疗设施、众多的高等院校、杰出的博物馆、重要的历史遗迹、多种图书馆、美好的音乐厅、琳琅满目的商店橱窗、街道的艺术、满足多种要求的大游乐场、多样化的邻里环境等。

　　宜居城市的社会人文环境主要包括城市社会环境、城市经济环境和城市文化环境三个子系统。其中城市社会环境主要包括和谐的社会交往环境、完善的社会保障网络、牢固的公共安全防线、亲和的社区邻里关系、良好的城市治安环境等；城市经济环境主要包括充足的就业职位、较高的收入水平、雄厚的财政实力、巨大的发展潜力等；城市的文化环境主要包括完善的文化设施（如博物馆、音乐厅、图书馆、体育馆、科技馆、歌剧院等）、浓郁的文化氛围、充足的教育资源（包括大专院校、中小学、职业技术学校、继续教育机构等）及丰富多彩的文化活动（如艺术节、运动会、各种展览等）。

　　宜居城市的自然物质环境为人们提供了舒适、方便、有序的物质生活基础，而社会人文环境则为居民提供了充分的就业机会、浓郁的文化艺术氛围，以及良好的公共安全环境等。当然，城市自然物质环境和社会人文环境的界限不是绝对的，两者相互融合，构成一个有机的整体。城市自然物质环境是宜居城市建设的基础，城市社会人文环境是宜居城市发展的深化。城市社会人文环境的营造需要以城市自然物质环境为载体，而城市自然物质环境的设计则需要体现城市的社会人文内容。

（二）"宜居城市"建设的国内外实践

　　城市的宜居性，在物质条件日益丰富的当今世界，依然是个严峻的问题，甚至，在城市化进程不断推进的过程中被加剧。随着世界逐渐过渡到城市社会，诸如环境污染、资源短缺、交通拥堵、住房紧张和垃圾剧增等"城市病"爆发，迫使各国对城市的居住环境进行改善，在建设"宜居城市"实践中做出更大努力。

　　1976年，联合国首次召开城市和人居环境议题的全球峰会，之后每20年举办一次。2016年10月，以"紧凑型可持续城市，迈向更美好的生活"为主题，举办第三届联合国住房和城市可持续发展大会，重振对于可持续城镇化的承诺，通过《新城市议程》为今后20年世界城市的发展确立目标和方向。

　　国外的宜居城市建设，如温哥华、哥本哈根等，在各自的"硬环境"和"软环境"上下足了功夫，从而以"宜居"闻名于世。我国的"宜居城市"建设实践，从《北京城市总体规划（2004年—2020年）》首次将"宜居城市"

作为城市建设的目标开始，在其示范和先导效应的作用下，国内已有近 200 个城市以"宜居城市"作为其发展的新目标。

我国的"宜居城市"建设实践的时间只有十余年，但取得的成绩显著。如扬州市凭借其成功的旧城保护和对居民居住环境的大力改造获得 2006 年"联合国人居环境奖"；珠海以其独特的城市格局、优美的自然环境获得了 2013 年"中国十佳宜居城市"的称号。但也存在着重硬件轻软件、城市个性魅力不足等诸多问题。

（三）浙江建设"宜居城市"策略

浙江省素有"诗画江南，山水浙江"之美誉，自然山水与人文传统交相辉映，拥有极其优越的人居环境大背景，是适宜诗意栖息之地。

经过改革开放 40 多年的建设，浙江的工业化水平与城市化水平走在了全国的前列。2021 年，浙江省常住人口城市化率接近 72.7%，远高于全国平均水平；城市群、都市区，大中小城市建设加快，人口向中等以上规模城市积聚趋势明显。全体居民人均可支配收入 57541 元，比上年增加 5144 元，名义增长 9.8%，仅次于上海和北京，排在第三位。因此，浙江省在全国宜居百强城市中占最多席位，尤其是设区城市，进入全国宜居百强城市的比例最高。针对浙江的现实基础，借鉴国内外宜居城市建设的经验，浙江在推进宜居城市建设中应该突出和强调以下方面：

以人为本，全面落实可持续发展战略。在城市规划建设各个领域，切实落实可持续发展战略，从而实现城市的建设目标，从以经济增长、用地与空间拓展为主要目标转变为以人为本，全方位提升人居环境质量的转变。各级政府、规划设计部门、建设单位以及普通市民都要牢牢树立这样的观念：建设宜居城市，不只是各种设施建设和空间拓展的建设过程，更是以人为核心，满足所有市民个人发展的需求，提供物质、精神全方位服务，创造可持续、高质量生活的全过程。

整体谋划，优化省域空间布局。从省域城乡空间格局整体谋划与优化着手，以大城市为核心，以城市群与都市区为主体形态，推进城乡融合，区域融合发展，实现紧凑集约、高效绿色的发展，从而实现浙江城市人居环境的整体改善。通过城市群的融合发展，"使得城市群中的每一个居民虽然一方面居住在一个中等城市、小城市，甚至是小镇上，但是实际上是居住在一座宏大而无比美丽的城市之中，并享有其一切优越性——因为，美丽的城市组群是建设在人民以集体身份拥有的土地上"。

突出重点，深化县市域一体化建设。以县市域中心、特色小镇建设为重点，以产业升级和新型城市化推进的双重目标，深化县域一体化建设。县市域中心城市是浙江新型城市化进程中，吸引人口与产业的重要载体，也是最方便服务县域乡、镇的人口集聚区，因此，也将成为宜居城市建设的重要载体。"特色小镇"是破解浙江发展难题，抢抓转型发展机遇的一项创新设计。其主要意义在于在新型城镇化的背景下，推动以大数据和"互联网+"为特色的创新型经济，促进各级政府积极谋划项目，政府推动，市场主导，扩大有效投资，促进经典产业在新时代的再生，达到产业升级与休闲旅游业同步发展，产业升级与新型城市化推进双重目标的同步实现，并实现产业、文化、旅游和社区功能的有机融合，以及产城人的有机融合。按照优化发展、特色发展、创新发展的总体思路，深入推进美丽县城建设，特色小镇建设，并着力推进城乡基础设施和公共服务一体化建设，推进县市域一体化建设进程，从而有效推进宜居城市建设。

特色发展，"硬""软"结合。强调突显城市个性与特色，包括自然与人文特色，加强自然生态保护与建设，加强对历史环境的保护与活化利用，形成鲜明、独特而和谐、优美的城市特色；在"硬环境"和"软环境"上下足功夫，"硬"与"软"环境建设相结合。从而实现每个城市的个性与魅力，大幅度提升城市的宜居性，让人们得以诗意地栖居。

第三节　节能减排促绿色发展

一、"十三五"规划及成绩

"十三五"期间，浙江省单位 GDP 能耗下降 17%，能源消费总量年均增幅不高于 2.3%，累计节能 3200 万吨标煤以上，力争到 2020 年，能源消费总量控制在 2.2 亿吨标煤以内，煤炭消费总量低于 2012 年水平。力争到

2020 年，规模以上工业单位增加值能耗比 2015 年下降 20%；城镇新建民用建筑实现绿色建筑全覆盖，其中二星级以上绿色建筑占比达到 10% 以上；交通运输营运车辆、营运船舶单位运输周转量能耗分别下降 6.9%、3.3%，港口生产单位吞吐量综合能耗下降 3.2%；公共机构单位建筑面积能耗下降 8% 以上。

统筹推进工业、建筑、交通、公共机构等重点领域节能，继续深入推进工业节能，全面推进建筑和交通节能，发挥好公共机构的示范作用，形成全社会节能合力，共同推动浙江省能源"双控"目标完成。力争到"十三五"期末，重点行业能效水平逐步提升，节能监督管理体系日益完善，能源"双控"目标全面完成，能源利用效率和水平继续位居全国前列。

"十三五"期间，浙江省很好地完成了规划提出节能降耗目标和任务。"十三五"能耗强度累计降低 17.3%，完成国家下达的目标任务；五年节能量为 4180 万吨标准煤，有效促进产业结构调整和能效水平提升。"十三五"期间，浙江省以 2.5% 的能源消费增速支撑了 6.5% 的 GDP 增速；2020 年以占全国 5.0% 的能源消费总量，产出占全国 6.4% 的 GDP、8.6% 的税收收入和 9.4% 的城镇新增就业人口，能源利用效率不断提高。

能源消费结构持续优化。2020 年全省煤炭消费量 1.31 亿吨，占一次能源消费总量的 39%，较 2015 年降低 5.4 个百分点，低于全国平均 18 个百分点；全省天然气占一次能源消费总量的 7.0%，较 2015 年提高 2.0 个百分点；非化石能源消费占比 20.3%，较 2015 年提高 4.3 个百分点，清洁能源占比高于全国平均水平；全省可再生能源装机容量达到 3114 万千瓦，装机占比达到 30.7%。

重点领域节能成效明显。"十三五"全省规模以上工业增加值能耗累计下降 20.4%，高耗能行业装备和管理现代化步伐明显加快，石油石化、化纤印染、电力热力、水泥等重点行业能效水平领跑全国。2020 年全省城镇新增绿色建筑面积 1.6 亿平方米，城镇绿色建筑面积占新建建筑面积的比例达到 96%。全省城市建成区清洁能源化公交车、出租车使用比例达到 80%，杭州、湖州主城区实现清洁能源公交车全覆盖。公共机构人均综合能耗、单位建筑面积能耗分别比 2015 年下降 16.2%、10.7%。

二、"十四五"规划目标和举措

（一）规划目标

浙江省节能降耗和能源资源优化配置"十四五"规划明确提出，到2025年，全省能效水平持续保持全国前列，能源资源配置水平明显提高，能效技术创新体系建设领先全国，努力成为全国能效创新引领"重要窗口"。

（1）能源"双控"目标。在确保完成国家下达的能耗强度降低激励目标前提下，全省能源消费总量适当有弹性。同时，着力压减落后和过剩产能，通过优化资源配置和盘活存量用能，确保实现我省现代化先行目标。到2025年，全省单位GDP能耗降低15%，年均下降3.2%；能源消费总量为26910万吨标准煤，新增能耗2250万吨标准煤（以上数据均不含国家能耗单列项目）；淘汰落后过剩产能腾出存量用能800万吨标准煤左右。

（2）能效创新目标。发挥产业能效在创新驱动、绿色发展、效率提升方面的引领或倒逼作用，瞄准国际一流、国内先进水平，建立经济社会宏观以单位GDP能耗、中观以工业增加值能耗、微观以行业能效技术标准为重点的浙江省能效创新技术体系，通过技术创新、管理创新和产业创新，促进产业结构调整和经济转型升级，打造全国能效创新引领示范区。

（二）重要举措

为实现上述目标，规划提出必须完成如下重点任务及相应措施：

1. 提升产业能效水平，深化结构节能

结构节能是推动产业提质增效的重要路径，以建立健全国际一流国内领先的能效技术创新体系为重点，有效促进重点区域产业结构优化，推动产业创新驱动、绿色复苏和效率变革，有效推动管理节能和技术节能，创新重大平台能效治理机制，实现全产业能效水平提升。

（1）着力优化生产力布局。加强重点用能地区结构调整。以产业绿色低碳高效转型为重点，着力提升地区产业发展能级。杭州要严格控制化纤、水泥等高耗能行业产能，适度布局大数据中心、5G网络等新基建项目。宁波、舟山要严格控制石化、钢铁、化工等产能规模，推动高能耗工序外移，缓解对化石能源的高依赖性。绍兴、湖州、嘉兴、温州要严格控制纺织印染、化纤、塑料制品等制造业产能，采用先进生产技术，提升高附加值产品比例，大幅提升单位增加值能效水平。金华、衢州要着力控制水泥、钢铁、造纸等行业产能，推动高耗能生产工序外移，有效减少能源消耗。

推动产业结构深度调整。深化"亩均效益"改革，严格执行质量、环保、能效、安全等项目准入标准。加快发展以新产业新业态新模式为主要特征的"三新经济"，2025年现代服务业增加值比重提升至42%。着力培育大数据、云计算、人工智能等数字经济产业集群，2025年数字经济核心产业增加值比重提升至15%。大力培育生命健康、新能源汽车、航空航天、新材料等战略性新兴产业集群，大力发展低能耗高附加值产业，加速经济新动能发展壮大。

（2）严格控制"两高"项目盲目发展。以能源"双控"、碳达峰碳中和的强约束倒逼和引导产业全面绿色转型，坚决遏制地方"两高"项目盲目发展。建立能源"双控"与重大发展规划、重大产业平台规划、重点产业发展规划、年度重大项目前期计划和产业发展政策联动机制。研究制订严格控制地方新上"两高"项目的实施意见，对在建、拟建和存量"两高"项目开展分类处置，将已建"两高"项目全部纳入重点用能单位在线监测系统，强化对"两高"项目的闭环化管理。严格落实产业结构调整"四个一律"，对地方谋划新上的石化、化纤、水泥、钢铁和数据中心等高耗能行业项目进行严格控制。提高工业项目准入性标准，将"十四五"单位工业增加值能效控制标准降至0.52吨标准煤/万元，对超过标准的新上工业项目，严格落实产能和能耗减量（等量）替代、用能权交易等政策。强化对年综合能耗5000吨标准煤以上高耗能项目的节能审查管理。

（3）完善重大产业平台能效治理机制。实行重大平台区域能评准入机制。以六大新区、万亩千亿平台、高能级战略平台、经济开发区（园区）等各类产业平台为对象，全面实施"区域能评＋产业能效技术标准"准入机制，研究单位能耗"投入—产出效益"考核制度，制定重点区域负面清单，对负面清单外的项目实行承诺备案管理。

开展重大平台能效治理评价机制。建立健全平台区域能评事前事中事后监管制度，加强区域重点项目用能的前置审查、项目验收和事中事后监管相结合的全过程管理。分类推进重大平台综合评价，将年度能效综合评价结果纳入能源"双控"和"亩均论英雄"等考核内容，探索建立以综合评价结果为基础的激励机制。开展重大平台年度、季度节能形势分析、预测和预警，定期发布评估报告。

（4）大力推动工业节能。加大传统产业节能改造力度。以纺织、印染、造纸、化学纤维、橡胶和塑料制品、金属制品等高耗能行业为重点，全面实施传统制造业绿色化升级改造。加强节能监察和用能预算管理，对钢铁、水泥熟料、平板玻璃、石油化工等新（改、扩）建项目严格实施产能、用能减量置换。推动纺织印染、化学纤维、造纸、橡胶和塑料制品、电镀等行业产能退出，加大落后产能和过剩产能淘汰力度，全面完成"散乱污"企业整治。组织实施"公共用能系统＋工艺流程系统"能效改造双工程，全面提升工业企业能效水平。

（5）有效推动消费流通领域节能。加强物流、餐饮行业节能。加快发展绿色物流，鼓励采用先进、节能环保型物流设施和装备，推广应用可循环的绿色包装和可降解的绿色包材。在住宿、餐饮等领域开展能源管理和节能改造，加大餐饮浪费行为制止力度，全面强化餐厨垃圾的分类回收和资源化利用水平。全面推广绿色包装，严格实施"限塑令"，在塑料污染问题突出领域和电商、快递、外卖等新兴领域普遍推行塑料减量模式。

加强大型商业建筑节能。适度控制城市现代商业综合体、大型主题公园（影视城）等大型商业建筑建设，防止超出需求的过度建设。加强大都市区中心城区楼宇能效综合治理，推动大型商业建筑在设计、建造、运营中充分利用各类自然条件和先进技术，支持开展冷热电联供应用和综合能源管理，有效降低能耗。

2.推进重点领域节能，提升能效水平

深入推进建筑、交通、公共机构等重点领域节能。建筑领域要统筹考虑资源能源环境承载能力，合理规划城镇生产空间、生活空间、生态空间。交通领域要充分发挥各种运输方式的比较优势和组合效率，着力提高运输装备能效，发展集约高效运输方式。公共机构领域要鼓励低碳绿色高效利用，推行能耗限额管理，发挥节能示范作用。

（1）着力强化建筑节能。全面做好新建建筑节能。大力发展绿色建筑，修订公共建筑和居住建筑节能设计标准，落实《浙江省绿色建筑条例》，因地制宜指导各地修编《绿色建筑专项规划》。发展装配式建筑和装配式装修，积极推广绿色建材应用和绿色施工。到 2025 年，装配式建筑在新开工建筑面积中占比 35%。积极引导建设绿色生态城区，推进绿色建筑规模化发展。到 2025 年，实现城镇新建民用建筑绿色建筑全覆盖。

提升既有建筑能效水平。结合城镇老旧小区改造、绿色社区建设，开展既有建筑用能系统调适，推动既有建筑节能及绿色化改造。继续开展并扩大城市级的公共建筑能效提升建设工程，建立完善公共建筑能耗统计、能源审计及能效公示制度。力争在"十四五"期间，完成既有公共建筑节能改造面积 600 万平方米。

推动绿色能源和技术应用。提高新建建筑可再生能源推广力度，大力推进太阳能光伏系统、空气源热泵热水系统等可再生能源建筑应用。"十四五"期间，完成太阳能等可再生能源建筑应用面积 1 亿平方米。积极开展绿色建材促进建筑品质提升试点，编制《绿色建材和绿色建筑政府采购基本要求》，推动政府投资或以政府投资为主的工程率先采用绿色建材，逐步提高城镇新建建筑中绿色建材应用比例。

（2）深入推进交通节能。实施交通基础设施节能改造。推进绿色公路建设，新开工高速公路建设项目全部按照绿色公路标准开展建设。鼓励新建和改扩建交通枢纽项目采用太阳能电池板、自然光照明、自然通风和遮阳等节能技术，推进零碳、低碳枢纽建设。加快专用充（换）电桩和公共充（换）电桩建设，支持个人自用充电桩建设。促进岸电设施常态化使用。到 2025 年，我省沿海规模以上港口集装箱、客滚、邮轮、3 千吨级以上客运、5 万吨级以上干散货专业化泊位以及内河骨干航道码头（油气化工码头除外）、综合服务区、锚泊区岸电设施实现全覆盖，岸电使用量在 2020 年的基础上翻两番。

发展集约高效运输组织方式。优化多式联运总体布局，完善多式联运运输服务网络，加快海公铁空协同联运发展。加快疏港铁路建设，进一步加快推进港口大宗货物"公转铁""公转水"，煤炭、矿石、焦炭等货类集疏运主要采用铁路、水运、管道、新能源车辆等绿色运输方式。加快构建绿色出行体系，全面实施公共交通优先发展战略，深入推动城乡公交一体化，构建多样化城市公共交通服务体系。提升现代化客运服务水平，提升绿色出行比例。

发展清洁能源运输装备。完善老旧营运货车淘汰更新政策，加快完成国三及以下排放标准柴油货车提前淘汰更新任务，力争 2025 年淘汰全部国Ⅲ及以下排放标准营运柴油货车。严格执行船舶强制报废制度，加快淘汰高污染、高能耗的客船和老旧运输船舶。在更新纯电能源的基础上，鼓励购置氢燃料电池等新型公交车辆，提升城市主城区新增和更新公交车、出租车新能源比例。加快既有船舶岸电接入改造，做好新增船舶岸电接口服务工作。鼓励新建改建 LNG 单燃料动力船舶，积极探索发展纯电力、燃料电池等动力船舶。

加快绿色科技创新应用。组织交通深度减排关键技术与装备研发，开展运输组织效率提升技术研究，深化交通与能源融合技术研究。提升绿色交通智慧化水平，推进大数据中心、云控平台、人工智能等新基建与绿色交通相融合。加强全省交通运输装备的能耗和污染物排放等实时监测、动态监管，建立可测算、可分析、可追溯的交通能耗及污染物排放数据库。

（3）积极发挥公共机构节能示范。加强公共机构节能管理。贯彻落实《浙江省实施〈公共机构节能条例〉办法》，加强公共机构节能管理。制订《公共机构绿色食堂建设规范》，打造绿色健康高效的标准化食堂。探索公共机构能耗定额与财政预算机制挂钩，推动建立能源资源消费基准线和能耗定额标准。探索实施公共机构能源托管集中示范行动计划，全面提升公共机构用能效率。扩大政府绿色采购覆盖范围，党政机关、事业单位和国有企业带头优先采购使用绿色产品。

提升公共机构节能管理数字化水平。加强省级公共机构能耗监控平台建设，开展全省公共机构基本情况调查，更新公共机构名录库。加快标准化与数字化融合，采用服务认证的模式，全面实现数据信息传送、专家网络评审、结果线上公示，将全省公共机构节能管理平台功效最大化。推进公共机构节能新技术新产品的应用，鼓励采用智慧节能型网络服务器等节能产品。

3. 强化能效创新引领，推进高质量发展

加强能效标准体系建设，推动重点行业能效技术创新，加快新产品新技术新装备推广，提升节能技术服务水平，通过创建"能效技术先进园区"试点、建设四个"一批"、组建节能技术联盟等措施，大力培育节能环保产业和服务业，着力提升我省节能产业竞争力。

（1）开展能效创新引领行动。组织开展能效创新引领专项行动。切实发挥能效技术标准指挥棒作用，构建基于单位 GDP 能效标准为核心，单位工业增加值能效标准为主导，行业能效准入标准为基础，重大产业平台为支撑的能效创新体系，形成"发展战略实施＋重大平台提升＋行业能效引领＋产业目录调整＋投资项目监管"的工作机制。申报能效创新引领国家试点，打造全国能效创新引领的"重要窗口"。

加强先进能效技术创新与应用。鼓励国家级、省级各类科技计划项目和资金向能效技术的研发倾斜，支持以企业为主体建立市场化运行的能效技术创新联合体。依托产业数字化契机，加强数字化智能化感应、计量和诊断等全流程改造，大力推广应用先进能效技术，进一步提升重点行业和重点用能企业能效水平。

（2）强化节能新技术新产品新装备推广应用。建立健全节能技术推广机制。加快突破一批符合先进能效标准、对能效提升具有重大推动力的节能技术和装备，尤其在石化、钢铁、水泥、化纤、纺织印染等重点耗能行业领域，加大新技术新装备的推广应用力度。加强对节能产品研发、设计和制造的投入，协同配置产业节能创新链，开展关键技术的研究和示范推广。鼓励国际节能新技术合作交流，鼓励省内企业参与节能新技术新装备新产品相关领域合作，持续增强我省节能新技术新装备新产品的市场竞争力。

支持企业开展节能技术研发。加快节能科技资源集成，组织实施节能重大科技产业化工程。重点针对化纤、纺织、金属制品等行业，组织对共性、关键和前沿节能技术的科研开发，形成一批具有自主知识产权、对我省企业节能有重大推动作用的节能技术。着力推进节能领域技术的系统集成及应用，推广成熟的技术解决方案，提高企业能效水平。

（3）加强能效创新能力体系建设。强化节能创新平台建设。着力培育节能科技企业和服务基地，推进节能领域的产学研合作，建立一批节能科技成果转移促进中心和创新中心，形成一批支撑节能技术与装备研发的高水平研究机构,研发一批具有自主知识产权和国际竞争力的节能装备和产品。

逐步完善节能服务体系。组建省产业能效创新联盟,研究节能技术和产品认证服务机制。支持省内研究机构和企业开展能源能效创新研究,研发一批具有自主知识产权的前沿核心技术。健全以企业为主体、市场为导向、产学研用相结合的能效创新服务体系,研究建立"节能诊断—制定节能方案—节能技术应用—节能效果评估"一体化服务市场。

(4)大力培育节能服务产业。加快培育节能产业。支持引导节能装备产业做大做强,培育一批研发实力强、产业化前景好、专业化服务水平高的节能产业示范基地和企业。积极推进"互联网+"PPP模式等方面的创新,培育节能产业新兴业态,构建绿色化、高端化的产业体系,推动节能产业创新升级。

培育壮大节能服务业。深入推进电力需求侧管理、合同能源管理、节能自愿承诺、节能低碳产品认证等节能机制。培育一批专业化的节能服务公司,鼓励节能服务公司以合同能源管理等方式参与用能单位的节能技术改造。鼓励大型装备制造企业和重点用能企业利用自身技术、人才和管理经验,面向社会提供节能服务。

4.推动能源结构转型,提高清洁化程度

能源结构低碳化既是实现碳达峰目标的重要路径,也是推进节能降耗和能源资源高效配置的有力抓手。要以碳达峰目标为引领,以减少高碳能源使用、增加低碳和零碳能源使用为主线,优化利用化石能源,扩大发展可再生能源和核电,有序提高电力消费比重,全面提升能源利用低碳化水平。

(1)建设清洁能源供给体系。着力构建清洁低碳、安全高效的能源供给体系,加强风光水火、源网荷储一体化和多功能互补发展,加强节能发电调度,促进能源领域绿色转型和高质量发展。实施煤炭消费总量弹性控制机制,进一步提高煤炭集中清洁高效利用水平,合理控制统调燃煤电厂用煤,持续提升地方热电集中供热覆盖水平,减少原料(工艺)用煤。积极扩大并优化天然气利用,支持有条件的地方建设天然气分布式能源,稳步推进发电、工业领域"煤改气"。提高清洁外电入浙比例,持续提升区外受电和互保互济能力。

（2）促进经济开发区（园区）源网荷储一体化。结合全省经济开发区（园区）整合提升，着力推动开发区（园区）能源资源梯级利用、原料/产品耦合，推进开发区（园区）供电、供热、中水回用等公共设施共建共享、系统优化。以现代通信、大数据、人工智能、储能等新技术为依托，采用"互联网+"新模式调动负荷侧调节响应能力。推进行业企业向经济开发区（园区）集聚，提升能源综合利用和梯级利用水平。支持工业负荷大、新能源条件较好的开发区（园区）建设分布式电源，结合增量配电网等，开展源网荷储一体化绿色供电开发区（园区）建设。

（3）着力提高社会电气化水平。深化电力体制改革，建立健全以电力中长期交易为主、现货交易为补充的省级电力市场体系。逐步扩大市场范围，培育多元化市场主体，完善风电、光伏等可再生能源市场参与机制，促进形成以新能源为主体的新型电力系统。着力构建多元供能、智慧保障体系，有序提升交通、建设、居民区等领域电力消费比重。稳步提升居民生活电气化水平，加强节能宣传，提升居民节能减排责任意识。

5. 深化能源资源市场化改革，提高利用效率

着力推进能源资源市场化配置改革，建立和完善能源消费市场化发展机制，引导能源资源向优势地区、优势行业、优势项目倾斜，提升能源集约节约利用水平，促进经济高质量发展。

（1）建立能效提升与经济高质量发展评价机制。构建能源资源利用评价体系。以各县（市、区）或重大产业平台为主要评价对象，建立涵盖经济发展水平、产业结构特点、能源消费结构、能效技术标准等多维度的能效评价体系，科学设置评价模型，科学合理制定能源资源优化配置目标，建立年度评价、规划中期评估等定期评价制度，加强评价考核结果应用，促进地方不断提升能源资源配置水平。

建立健全用能风险预警机制。充分发挥数字化技术在区域用能、重大平台用能管理中的作用，强化重点用能单位能耗在线监测系统建设和数据应用，加强用能监测预警，准确研判用能形势，精准施策，及时出台化解用能风险举措。

研究能源资源配置调整机制。强化用能事中事后监管，充分考虑各地经

济社会发展水平差异及节能降耗目标任务，科学研判用能趋势，逐步建立能源资源总量指标的动态管理和调整机制，及时、灵活调整能源资源配置方案，实现用能的高效配置。

（2）深入开展用能权有偿使用市场化交易改革。优化用能权交易顶层设计。以绿色创新为导向，以产业能效提升为核心，以产业转型升级为目标，建立基于能效技术标准的用能权有偿使用和交易体系。加快完善用能权确权、行业能效标准、定价、资金管理等配套政策。探索用能权交易立法，建立用能权产权制度。以数字化改革为牵引，加强与能耗在线监测系统等对接，强化事中事后监管。

稳步扩大用能权交易范围。加强与国家用能权交易制度的衔接，开展政府间跨省用能权交易。逐步扩大用能权交易范围，完善存量交易制度，以增量带存量，有序开展用能权存量交易。不断创新用能权交易模式，鼓励金融机构积极参与用能权交易市场建设，提供多种绿色金融产品和服务。

探索多元能源资源市场交易试点。以用能权交易试点为基础，结合全省电力现货交易试点、天然气交易、绿色电力交易等，探索建立多元能源资源市场综合交易试点，围绕能源资源确权、定价机制、交易市场、交易监管等核心环节，逐步建立市场运行机制及配套政策。

加强与环境权益交易机制的协同。建立多部门协同工作机制，统筹处理用能权交易与碳排放权交易、排污权交易的关系，做好不同资源环境权益交易政策之间的有效衔接，避免政策的过度重复。

（3）加强政府对能源资源优化配置的引导作用。强化省级能源资源协调能力。按照"要素跟着项目走"的原则，强化省级能效治理和指标协调的监管，重点保障国家和省级重大平台、大湾区、大都市区、"万亩千亿"新产业平台、义甬舟开放大通道、"六个千亿"投资工程、重大产业投资计划、高端先进制造业和社会民生等高质量项目用能。

强化重大平台（项目）用能保障。优化重大平台能源资源配置，强化平台用能预算管理，建立健全能源资源年度指标、需求分析、预算方案、监测预警等全流程保障机制，加强能耗指标与产业调整目录、能效准入标准、招商引资项目和相关投资政策等有机衔接，建立"发展战略实施＋重大平台提

升 + 行业能效引领 + 产业目录调整 + 投资项目监管"的管理体系，有效推动重大平台赋能提质升级。

强化能源资源差别化配置机制。紧扣单位 GDP 能耗强度激励目标，对"十三五"能效水平领先、能源"双控"目标任务完成较好的地区，适当下调能耗强度降低目标，避免鞭打快牛。对产业结构偏重、能源利用效率较低的地区，适当加压，倒逼其经济向低能耗低排放产业转型升级。

6. 构建现代节能管理体系，提升治理能力。

完善能源"双控"制度，建立多部门多领域协同工作体系。全面推进能源消费数字化改革，打造智慧能源监管体系。制（修）订节能法规制度，加强节能信用管理，增强有效制度供给。加强人才队伍建设，推动设立能效技术创新中心和重点实验室，不断增强技术支撑体系。

（1）完善能源消费管理制度。建立以能效贡献为核心的能源"双控"制度。完善能源"双控"制度，科学合理确定分地区能耗指标目标。建立单位 GDP 能耗降低激励目标机制，对完成激励目标的地区，不考核能耗总量。鼓励可再生能源发展，对超出规划部分的可再生能源消费量，不纳入能耗总量考核。

建立能源"双控"有效协同机制。加强与重点产业发展规划、重大产业平台规划、年度投资项目前期计划和产业扶持政策等协同，实现能耗指标、能效标准与产业结构调整、重大项目准入有机衔接。探索重点产业专项规划能评和年度投资前期计划评价，实现投资项目前期管理与能效技术标准的联动常态化和制度化。

强化重点领域用能预算管理。推行用能预算管理制度，推动用能管理精细化、数字化、科学化，实现用能高效配置。拓展节能管理对象，强化经济开发区（园区）等功能区和重大平台的能效治理，制定严于国家的省级能效技术标准，严格区域招商项目能效标准准入要求。

（2）建立智慧能源监管体系。强化智慧能源监测平台建设。充分发挥智慧能源监测系统、用能权交易平台、重点用能单位能耗在线监测平台等在预测预警、节能监察等方面的支撑作用。开发建设能效技术创新平台，为制定节能政策、推广节能技术提供全面、精细化的数据分析系统。深度挖掘能源数据价值，提升节能管理数字化和产业化水平。

加强智慧能源平台共建共享。统筹电力、天然气、建筑、交通、公共机构等领域监测综合服务平台，研究建立贯穿能源全产业链的用能信息公共服务网络和数据库，加强上下游企业能源信息对接、共享共用和交易服务。打破能源消费数据壁垒和信息孤岛，逐步建立跨行业、跨部门数据共享机制。鼓励互联网企业与能源企业合作挖掘能源大数据商业价值，开展综合能源服务，促进能源数据市场化产业化。

（3）建立健全节能法规政策体系。制定鼓励节能降耗政策体系。研究鼓励和支持节能降耗的绿色金融、投资、财政支持政策。修订区域能评2.0版，出台能源资源消费差别化政策。建立健全能效标准体系，围绕重点行业、设备和产品，组织制（修）订覆盖全省主要用能行业和领域的产品限额标准和耗能设备能效限额标准。做好强制性地方节能标准的整合精简，建立技术标准先进、具有浙江特色的多层次能效标准体系。

加强节能法规规章制（修）订。结合碳达峰碳中和目标强约束，加快修订完善节能法规规章，开展用能权、能源预算、能效审计等方面的立法调研，加强立法储备。修订《浙江省节能监察办法》等法规规章。

（4）强化节能信用体系建设。加强节能领域信用建设。加强节能信用信息归集和整理，完善以重点用能单位、中介机构为基础的节能信用等级评价体系，依托浙江省行政执法监管（互联网＋监管）平台，根据节能领域信用监管评价结果实施分类分级节能监察。建立健全企业事业单位、社会团体的失信行为记录和认定工作机制，依法开展节能失信等级认定，加大节能领域失信信息社会披露力度。

建立节能领域失信行为联合奖惩机制。推进节能领域信用信息的共享，实施跨部门的联合惩戒和激励。建立信用修复和异议处理机制，加大用能失信单位检查力度。推动节能信用与用能权交易工作的联动。

（5）强化节能技术和人才支撑。加强人才队伍建设。大力培育一批领军型、复合型、专业型能源能效领域人才。创新人才培养模式，建立健全多层次、跨学科的节能人才培养体系。在高校探索设立节能相关专业或培养项目，大力培养跨界复合型人才。搭建人才锻炼使用平台，建立省级能源能效专家库。

强化节能技术研发。完善以市场为导向、以用能单位为主体、产学研相结合的节能技术创新体系。加快节能科技资源集成，组织实施节能重大科技产业化工程。组织共性、关键和前沿节能技术科研开发，推广一批具有自主知识产权、对我省节能降耗有重大推动作用的新技术新装备。

加强节能成果转化。培育一批节能科技企业和服务基地，建立一批节能科技成果转移促进中心和交流转化平台，组建一批节能减排产业技术创新联盟、能源计量技术联盟等，加大对节能产品研发、设计和制造的投入，协同配置产业节能创新链，开展关键技术的研究和示范。

三、重大工程

（1）重点产业能效技术领跑工程。着力提高重大平台重点行业能效水平，组织开展行业能效"领跑者"行动，实施产业技术能效提升行动。同时，探索绿色金融、财政等对产业技术能效提升的资金支持，促进能效提升项目的落地。

（2）节能产业"四个一批"培育工程。组织实施节能产业四个"一批"工程，即培育一批重点产业、一批重点企业、一批重点平台和一批第三方服务机构，全面提升我省节能技术水平，推动能效水平提升。

（3）节能新技术新装备新产品推广工程。加快节能新技术新装备新产品推广应用，着力培育一批节能产业，开展绿色数据中心创建，通过节能新技术示范试点进一步强化企业节能意识。

（4）节能降耗绿色试点示范工程。在全省范围内分类分区开展节能降耗绿色试点示范创建，打造一批能效标杆产业园区、能效提升示范县（市），形成可复制、可推广的能效治理样本。

（5）节能治理能力提升工程。推进能源管理数字化改革，强化节能监督监察和节能执法，不断完善法规体系建设，强化信息披露，着力推进节能治理体系和治理能力现代化。

第四节　绿色金融创新

绿色金融是推动环境污染治理和生态环境建设的重要引擎。因环境质量改善和产业结构转型升级的内生需求，浙江的绿色金融起步较早。经过数十年的实践，逐步形成了政府引导、金融机构主导以及市场推动的绿色金融投融资机制，有效推动了区域的环境治理和生态建设。

一、政府引导

环境治理和生态环境建设的正外部性一直难以有效内部化，所产生的环境效益和社会效益无法转化成匹配的经济效益。因此，完全依靠市场机制很难实现资源的有效配置，需要政府运用政策和财政资金的杠杆引导，吸引金融资本和社会资本形成生态环境建设的合力。2017 年，浙江省政府出台了《关于建立健全绿色发展财政奖补机制的意见》，以水、气、林等主要生态绿色发展指标为考核依据，实施财政奖惩制度，利用财政杠杆的调节功能，引导地方政府走绿色发展之路。

2017 年，浙江省级财政预算安排各类生态环保补助资金 124 亿元，同比增长 14%；积极争取中央环保专项资金 14.7 亿元，重点支持省内水、大气、土壤污染防治和农村环境整治等项目。与此同时，为吸引社会资本流入，浙江地方政府也在积极探索构建政府和市场相结合的二元化绿色金融风险补偿机制，尤其是两个绿色金融改革创新试验区。例如湖州市每年安排 10 亿元财政预算设立绿色金融改革创新试验区建设专项资金，用于绿色融资担保、绿色信贷贴息和风险补偿等，以鼓励绿色金融改革创新；同时积极对接世界银行、华夏银行等金融机构，拟设立两个规模分别为 100 亿元的"绿色发展产业基金"，以撬动社会资本流向绿色产业。衢州市设立的绿色产业引导基金，首期规模 10 亿元，已到位 4 亿元，带动其他社会资本投资共 12.5 亿元；同时探索开展绿色 PPP 模式，以引导更多社会资金投入环境治理。截至 2017 年底，衢州市投入运营的绿色 PPP 项目 15 个，总投资 36.5 亿元，引入社会资本共 33.8 亿元。

二、金融机构主导

金融机构是绿色金融服务生态环境建设的主体，为满足环境污染治理和生态环境建设项目的资金需求，各金融机构都在不断创新推出绿色金融产品。以治水为例，浙江省银行业一方面继续完善和推广排污权质押、供水收费权质押贷款等绿色信贷产品，为企业提供新的融资渠道，从而鼓励和引导企业开展节能减排工作；另一方面，为支持浙江省的"五水共治"工程，针对治水项目融资金额大、期限长、利率低等特点，积极探索创新了绿色银团贷款模式。此外，各银行机构还依托自身优势、因地制宜创新多种绿色信贷产品。为破解财政资金在水利建设上"先支后收"的困局，农行浙江省分行推出了"治水贷"；兴业银行与嘉兴市政府签订了"水环境综合治理"合作协议，通过绿色融资工具及多元化产品运用，为嘉兴市水环境综合治理提供了有力的资金支持。截至 2017 年末，浙江省绿色信贷余额为 6875 亿元，同比增长44%。不仅仅绿色信贷在蓬勃发展，各金融机构也在利用债券、基金、融资租赁、保险等工具因地制宜创新产品，为浙江绿色发展提供多元化金融服务。例如泰隆银行发行全国首单小微企业绿色债券；浙商银行、国开行、农发行与财政部门共同设立 100 亿元的特色小镇基金；立足"循环经济"和"机器换人"，浙江银行业为企业量身定制"绿色直融"和"绿色租赁"模式，以支持技术改造和工业转型升级；关于绿色保险，浙江同样先人一步，在开展环境污染责任保险试点基础上，首创安全生产和环境污染综合保险，在全国率先推出基于无公害化处理的生猪保险，力求通过财政补助、保险服务和环保管理的有机结合，有效促进绿色发展。

三、市场推动

环境资源因其具备的公共物品特性，长期以来一直被免费使用。而企业逐利的本性则导致其对环境资源无限制无约束的过度使用，最终带来环境资源的枯竭和生态环境的破坏。采用市场化的手段对环境资源进行配置，开展环境有偿使用和二级市场交易，以价格为导向，倒逼企业采取措施治理污染，降低污染负荷，降低企业的污染物排放，从而达到改善环境质量、推进生态环境建设的目的。浙江是最早试水环境权益资源市场化配置的地区之一。2000 年，东阳市和义乌市签署了水权转让的首单协议；2002 年，嘉兴市开创了排污权有偿使用的先河。省级层面规范化、系统化的环境权益交易市场建设始于 2009 年，浙江获批成为排污权交易试点省份，以此为契机，在浙江省范围内正式启动了排污权有偿使用和交易试点工作，2012 年，浙江率先开展了排污权交易价格机制改革。

基于省排污权交易平台实行电子竞价机制。于实践中逐步完善排污权的初始分配机制、初始排污权的定价机制和排污权交易机制，引导环境资源流向，优化资源配置，从而提高环境资源要素使用效率。从目前看，浙江已基本构建完成一套较为完善的覆盖省、市、县三级的排污权有偿使用体系和交易体系。

四、打造绿色金融浙江样板

2022 年 3 月 18 日，央行、银保监会、证监会、外管局和浙江省人民政府联合发布《关于金融支持浙江高质量发展建设共同富裕示范区的意见》。《意见》提出打造绿色金融浙江样板。

（1）深化绿色金融改革，推动生态文明建设。推动银行保险机构探索开展气候风险评估，引导和促进更多资金投向应对气候变化领域的投融资活动。推进上市公司环境、社会和治理（ESG）信息披露，发展绿色债券，探索绿色资产证券化，研究建立绿色证券基金业务统计评价制度。支持符合条件的地区建立工业绿色发展项目库，引导金融机构创新符合工业绿色发展需求的金融产品和服务。深化湖州市绿色建筑和绿色金融协同发展改革创新，推动衢州市探索基于碳账户的转型金融路径。

（2）强化碳达峰碳中和金融支持。引导银行将碳减排效益、碳价等指标纳入授信管理流程，研究发展排污权、用能权、用水权等环境权益抵质押贷款。鼓励金融机构积极参与生态产品价值实现机制建设。支持浙江按规定使用碳减排支持工具，推动绿色债券增量扩面。探索推进金融机构实现自身运营和业务的碳减排。

第五章　浙江省区域绿色发展

第一节　典型区域绿色发展规划

一、杭州市绿色发展规划

根据杭州市绿色发展（循环经济）"十四五"规划（征求意见稿）的内容，该规划的主要内容包括：

（一）"十三五"绿色发展情况

1. 主要成绩

"十三五"期间，杭州市认真贯彻习近平生态文明思想，积极践行绿色发展理念，持续深化美丽杭州建设，全力打造国际一流的全域花园城市，不断开辟绿水青山就是金山银山的新境界，绿色循环经济不断优化，绿色发展指数位居全国前列。

（1）绿色循环经济蓬勃发展

深入实施六大行动计划，着力打造数字经济和制造业高质量发展"双引擎"，发展质效明显提升，绿色经济加快培育。"新制造业计划"全面推进，2020 年规上工业增加值达 3633.7 亿元，新产品产值占工业总产值的 42.63%，节能环保产业规上企业实现工业增加值 355.7 亿元，占全市规上工业增加值的 9.79%，实现销售产值 1408.66 亿元，年均增幅 17.5%。实施"数字经济"一号工程，全面推进"三化融合"行动，数字经济核心产业增加值达 3795 亿元，较 2015 年增长 64%，占 GDP 比重达 24.7%；经济结构持续优化，落后产能加快淘汰，完成杭钢关停腾出、富阳区造纸业行业腾退，三次产业比例由 2015 年的 2.9 ∶ 38.9 ∶ 58.2 调整为 2020 年的 2.1 ∶ 31.4 ∶ 66.5。

（2）资源利用效率显著提高

深入实施能源"双控"和"煤炭总量控制"，能源利用效率全省领先，"十三五"期间全市单位 GDP 能耗累计下降约 23.28%，规上工业用煤量降至 923 万吨，累计"减煤"贡献居全省第一。全市能源、水、土等资源产出率逐年上升，2020 年全市能源产出率达 3.15 万元 / 吨标准煤，水资源产出率达 1550.39 元 / 吨用水量，"亩均论英雄"改革深入推进，单位建设用地地区生产总值达 50 万元 / 亩以上。"五废共治"取得阶段性胜利，废弃物无害化、资源化处置能力显著增强，再生资源回收体系逐渐完善，一般工业固体废弃物综合利用率达 97.52%，工业危险废弃物综合处理率达 97.72%，较 2015 年分别增长了 12.4% 和 3.49%。

（3）绿色发展动能不断积聚

持续推进大花园建设行动，成功创建国家级生态市，启动西湖西溪一体化保护提升工作，深入推进淳安特别生态功能区建设，持续推进"六位一体"低碳城市建设，完成桐庐、淳安 GEP 核算，二氧化碳排放强度降低至 0.57 吨二氧化碳 / 万元 GDP，较 2015 年下降 25% 以上。深入推进绿色发展体制改革，全面建成企业排污权分配、交易制度，在全国率先建立流域生态补偿公共财政制度，出台应对气候变化、美丽杭州、循环经济等方面政策法规，绿色发展制度体系建设基本形成。绿色发展创新能级显著提升，2020 年，R&D 经费支出占生产总值的比重预计达 3.5%，节能、节水等绿色制造先进技术在企业不断应用，建成 15 家国家级绿色工厂，余杭经济技术开发区成功创建国家级绿色园区；大力发展循环经济，持续推进园区循环化改造工作，省级以上园区已全面实施循环化改造工作，大江东产业集聚区、余杭经济开发区列入国家级循环化改造示范园区。

（4）绿色生活模式广泛推广

积极践行绿色生活理念，绿色宣传、绿色细胞工程建设不断深入，"五位一体"城市绿色公共交通体系建设加快推进，全面推广垃圾分类和清洁直运，大力倡导绿色消费模式和生活习惯。2020 年，全市累计开展垃圾分类生活小区 3433 个、单位 3019 家，基本实现垃圾分类市区全覆盖、生活垃圾零填埋，城市生活垃圾无害化处理率达 100%，生活垃圾总量增幅控制在 1%

左右；主城区公共交通出行分担率达 45%，主城区公交新能源、清洁能源车辆占比达 100%；持续 8 年推广"光盘行动""重提菜篮子""重拎布袋子"成为杭州绿色生活新风尚。

2. 存在问题

杭州市尽管取得了一定的成效，但与绿色循环发展的要求相比，还存在不少的短板：一是绿色发展水平不高，资源利用效率等关键指标与先进城市（如深圳市能源利用效率为 0.18 吨标准煤 / 万元）相比，尚存一定差距。二是节能环保产业规模相对偏小，重量级节能环保产业项目不多，关键环节、关键技术支撑能力存在短板，产业竞争力相对不足。三是绿色循环体系有待进一步完善。产业内部及产业之间的循环经济链接有待进一步补强，生活垃圾、工业及农林废弃物、建筑垃圾等的回收体系有待进一步完善，对低值废弃物回收利用有待进一步加强。四是绿色循环发展的支撑体系亟须进一步强化。绿色循环相关的扶持政策体系尚需进一步梳理和完善，绿色信用、绿色发展指标体系尚需进一步健全，绿色金融尚需进一步培育壮大，绿色循环技术研发和创新环境尚需进一步优化。五是绿色循环发展的认识需要进一步提升。公众绿色生活模式需要进一步引导，企业绿色循环转型的内生动力需要进一步强化。

究其原因，全社会推动绿色发展的紧迫性还有待进一步提升，部分企业推动绿色循环升级的意愿和动力相对不足是根本原因；循环技术还不够成熟、设备成本较高、产业集聚化程度仍然不高、循环经济规模化效应尚未体现、配套政策还需进一步完善等因素导致循环不经济等问题是客观原因。未来 5 年，需要我们统筹处理这两部分的原因，补强短板、释放潜能、系统推进，在新的起点上实现更高水平的绿色发展。

3. 面临形势

"十四五"时期，是我国全面建设社会主义现代化国家、向第二个百年奋斗目标进军的第一个五年。杭州正处于"亚运会、大都市、现代化"的重要窗口期，是新一轮长周期发展的关键起步期，杭州推进绿色发展面临着前所未有的机遇。

（1）碳达峰碳中和工作为杭州市绿色循环发展提出新要求

碳达峰碳中和工作是推动我国经济高质量发展和生态文明建设的重要抓手，是参与全球治理和坚持多边主义的重要领域。总书记在第七十五届联合国大会一般性辩论上提出"碳达峰碳中和"目标，为经济社会发展明确了战略目标，确定了未来发展的价值导向。"碳达峰碳中和"目标也赋予绿色发展（循环经济）新的战略内涵，大力发展循环经济，推动全市经济社会绿色发展，是杭州市实现"碳达峰中和"目标的重要举措。

（2）新时代美丽杭州建设为杭州市绿色循环发展赋予新内涵

十九届五中全会提出"生态文明建设实现新进步，生产生活方式绿色转型成效显著，能源资源配置更加合理、利用效率大幅提高"的发展目标。资源利用效率是连接绿色、低碳、循环发展的重要桥梁。"十四五"期间，杭州市将不断厚植生态文明之都特色优势，高标准推进全域大花园建设，深入推进新时代美丽杭州建设，高水平打造现代版"富春山居图"，为杭州市推动绿色发展（循环经济）赋予了新内涵。

（3）现代产业体系建设为杭州市绿色循环发展提供新契机

加快建设现代产业体系，推进产业基础高级化、产业链现代化，提高经济质量效益和核心竞争力，是以习近平同志为核心的党中央把握全球产业变革趋势、针对我国经济发展实际做出的重大决策部署，是建设现代化经济体系的重要方面。这要求杭州在推动绿色循环发展上更加注重产业链和产业集群的绿色循环发展，不断提高产业关联度，更加注重企业微循环、产业中循环、社会大循环之间的相互融合，构建生产、生活系统循环连接的产城融合和共生体系。

（4）创新策源地建设为杭州市绿色循环发展提供新动能

绿色技术是均衡经济发展与生态保护的关键，也是建设绿色循环经济的重要保障。"十四五"期间，杭州市将建设新时代数智杭州，打造面向世界的创新策源地。这对杭州加强绿色循环发展科技创新，加大资源循环利用基础科研投入，推动关键技术研发攻关，利用数字赋能发展绿色生产，创新绿色循环发展模式提供了重要机遇。

（二）"十四五"总体要求

1.指导思想

坚持以习近平新时代中国特色社会主义思想为指导，全面落实党的十九大及十九届历次会议精神，深入践行"绿水青山就是金山银山"的发展理念，紧紧围绕杭州展现"重要窗口""头雁风采"的发展需求，紧密契合碳达峰碳中和目标愿景，以提高绿色发展水平和资源利用效率为主题，以生产和消费为两翼，以创新和改革为驱动，加快构建以企业端绿色微循环为基础，产业链绿色中循环为核心，社会绿色大循环为延伸的绿色循环网络体系，推进城市发展绿色转型，让绿色成为杭州市打造"数智杭州　宜居天堂"最耀眼最动人的底色。

2.发展原则

（1）系统推进、闭环管理

坚持系统思维，统筹推进绿色、循环、低碳发展各项工作。以产品全生命周期绿色管理理念，强化生产制造全过程控制和生产者责任延伸，积极构建绿色供应链和逆向智能物流体系，形成闭环反馈式循环经济管理模式。

（2）效率优先、循环发展

以提高资源利用效率为核心，统筹推进企业、产业、社会三个层面循环体系建设，坚持供给侧结构性改革和扩大绿色发展需求两端发力，聚焦设计、生产、流通、消费等全领域，加快生产系统和生活系统循环链接，全面提升资源利用效率，实现更高水平的"减量化、再利用、资源化"，以循环发展推动碳达峰和碳中和。

（3）创新驱动、数字赋能

坚持创新在绿色循环低碳发展中的核心地位，着力突破关键技术、攻关核心技术、掌握共性技术，全面推动循环利用技术与工业、服务业、农业深度融合，完善绿色低碳循环数字治理体系，创新推进绿色生产体系、绿色产业体系、资源循环利用体系和低碳城市建设。

（4）改革引领、制度支撑

积极发挥政府引导作用，充分发挥市场主体在资源配置中的决定性作用，加快完善碳排放权、用能权等市场建设，统筹推进能源、资本等要素市场化改革，完善绿色循环低碳发展约束激励机制，积极探索生态产品价值实现路径，持续深入推进"两山转化"改革。

（三）二○三五年远景目标

到 2035 年，全市经济绿色转型取得阶段性成果，绿色高效的产业体系基本建成，全市绿色发展水平及资源利用效率达到国际先进水平；全市非化石能源占比达到 30% 以上，绿色低碳能源体系基本形成；以节能环保、新能源、新材料等为核心的世界级产业集群基本形成，绿色金融体系基本完善，绿色循环发展的支撑体系匹配发展需求；碳排放显著减少，碳汇吸收能力持续增强，全市步入碳中和目标实现加速轨道。

（四）"十四五"绿色发展主要目标

锚定二○三五年远景目标，坚持问题导向，守正创新，到"十四五"期末，循环型生产方式全面推行，资源能源利用效率、清洁生产水平大幅提升；绿色循环低碳产业结构持续优化，绿色产业规模和发展质量位居全省前列，基本建立现代化绿色循环型产业体系；基础设施绿色升级，再生资源回收利用、能源清洁低碳安全利用水平显著提升，全面建成全域无废城市，基本形成覆盖全社会的资源循环回收利用体系；简约适度、绿色低碳的生活方式深入人心，绿色生活方式普遍推广；在全省范围内率先实现碳达峰，全面展现绿色发展"重要窗口"的"头雁风采"。

（1）绿色经济规模显著提升

产业绿色化和绿色产业化发展深入推进，绿色低碳循环发展产业体系基本建成，形成"2+2"梯队式的绿色产业集群结构，到 2025 年，"三品一标"农产品占主要食用农产品的 60%，节能环保产业规模突破 2300 亿元，形成节能环保、清洁能源两个千亿级产业集群和新能源汽车、再制造业两个百亿级产业集群，绿色产业规模和发展质量位居全省前列。

（2）资源循环利用效率不断提高

绿色循环生产生活方式全面推广，主要资源产出率提高较 2020 年提高 20%，城镇生活垃圾分类处理率达 100%，主要资源循环利用率达到 75% 以上；亩均效益稳步提升，单位建设用地地区生产总值达 55 万元 / 亩。

（3）绿色能源体系基本建成

能源消费总量得到有效控制，万元国内生产总值能耗完成省下达指标，非化石能源占一次性能源消费比重超过24%，新增光伏装机容量超过100万千瓦。

（4）基础设施全面绿色升级

结合新型城市基础设施建设，引领城市基础设施绿色转型升级，推进城市绿色发展，城镇污水集中处理率达98%，城镇绿色建筑占新建建筑的比例达到100%，市域绿道长度达5000千米。

（5）低碳城市基础不断夯实

单位GDP二氧化碳排放降低率完成省下达指标，新能源汽车占比达20%以上，公共交通、共享自行车等绿色出行比例达60%以上，全市温室气体排放控制力度进一步加大，为二氧化碳排放实现峰值奠定基础。

（五）十四五重点任务

1.构建企业微循环，夯实绿色发展基础

（1）广泛开展绿色设计行动

支持企业开展绿色设计。统筹考虑原辅材料选用、生产、包装、销售、使用、回收、处理等环节的资源环境影响，支持工业生产企业开展工业产品绿色设计。大力开展绿色设计示范行动，重点推进轻量化、单一化、模块化、无（低）害化、易维护等重点领域设计，着力提高延长寿命、绿色包装、节能降耗、循环利用等领域的设计水平。到2025年，培育15家国家级工业产品绿色设计示范企业。

优化扩大绿色产品供给。按照产品全生命周期理念，加快开发具有无害化、节能、环保、低能耗、高可靠性、长寿命、易回收等具有资源能源消耗最低化、生态环境影响最小化、可再生率最大化的绿色产品，不断扩大绿色产品供给规模。重点加快实现汽车、电子电器、家具、建材、日化、纺织服装等与居民消费密切相关的领域绿色产品全覆盖。加快培育发展绿色健康产品，健全体育产品、健康养老、户外体现等绿色服务产品供给。

（2）促进绿色技术研发应用

培育一批绿色技术市场主体。充分发挥新能源汽车、精细化工、装备制造等优势行业龙头企业创新引领作用，重点推进工业节水、能源梯级利用、清洁生产等领域的研发应用，鼓励再生资源行业骨干企业加大研发资金投入，加强可再生能源应用、分布式能源网络、废弃物再生利用等领域的模式创新、技术研发，强化企业研发资金扶持，支持具备技术优势的企业在绿色循环经济领域建设一批市级企业工程研究中心、技术中心，着力推进产业化关键技术突破，加快形成可推广、可复制产业化项目，培育一批绿色技术研发载体。到 2025 年培育 100 家绿色高新技术企业和中试公共设施，研发推广 1000 项绿色技术和产品。

聚力开展绿色技术攻坚计划。贯彻实施绿色技术创新"十百千"行动，建立绿色技术攻坚清单，发挥浙江大学、西湖大学等高等院校，之江实验室、阿里达摩院等科创平台等对绿色技术创新的科学支撑能力，推动组建绿色技术创新联盟。支持龙头企业整合高校、科研院所、产业园区等力量建立具有独立法人地位、市场化运行的绿色技术创新联合体，在全国率先建立绿色技术交易中心，力争突破一批绿色"卡脖子"关键技术。

加快推进绿色技术推广应用。探索建立绿色技术和绿色产品推广目录，加快绿色技术和产品示范推广，到 2025 年，力争推动 10 项绿色循环技术纳入国家绿色技术推广目录。推进绿色技术创新综合示范区建设，建设绿色发展科技成果大数据交易市场，依托科技转让平台推进工业节能节水、煤炭清洁高效利用、固体废弃物综合利用、绿色建筑、建筑节能、清洁能源替代、生态农业等领域重大技术成果中试熟化、工程化、产业化。

（3）加快推动企业绿色生产

全面实施企业清洁生产行动。制定清洁生产审核实施方案，进一步规范清洁生产审核行为，制定"一行一策"清洁生产改造提升计划。加快形成企业智能环境数据感知体系，落实生态环境保护信息化工程，减少生产过程污染物排放。着力提升农业企业清洁生产水平，控制农业生产企业用水总量，鼓励农业生产生活使用生物质能、太阳能、风能、微水电等可再生能源，以推广高效低毒低残留农药、现代施药机械为重点促进科学精准用药，推广农林产品加工清洁化生产，确保食品安全。持续实施传统行业清洁化改造，深入推进水泥、纺织印染、橡胶、化肥、地膜、化工等重点行业清洁生产审核。

创新开展精细化工、新材料、生物医药等战略性新兴产业的清洁生产改造工作。全面推动快递、物流、电子商务等企业绿色包装，减少过度包装和一次性用品使用。加强旅游企业节能减排与清洁生产工作，大力开展生态旅游建设，积极推进绿色旅游饭店创建与提升工作。

全面推进循环型生产方式。以提高企业资源利用效率为核心，利用新技术新工艺新材料，聚焦建材、纺织印染、化工、装备制造等重点行业企业，深入开展流程工业系统再造，加快推进建设原料优化、能源梯级利用、可循环的企业内部循环产业链。以产业链"链主企业"为关键节点，鼓励企业开展"点对点"企业间循环生产模式，优化完善原料供应、产品生产、产品销售等产业链上下游企业资源共享，拓展不同企业之间能源利用、废弃物再资源化等功能，构建产业链内企业互补共存的生态循环链接。

实现生产企业低碳发展。实施工业部门低碳生产计划，加强发电、水泥、金属制造等重点行业工业生产过程温室气体排放控制，开展水泥生产原料替代，利用工业固废、建筑垃圾等非碳酸盐原料生产水泥，引导橡胶生产企业规范轮胎再制造秩序，鼓励胶粉和再生橡胶综合利用，大幅减少生产过程二氧化碳排放。

（4）积极推进绿色制造体系建设

实施绿色工厂创建行动。采取选用绿色原料，改进工艺技术，提升装备水平，完善公辅配套，优化管理体系、推进节能降耗、达标安全排放等措施，构建厂房集约化、原料无害化、生产清洁化、废物资源化、能源低碳化生产体系，着力打造"绿色工厂"。到2025年，全市创建市级以上绿色工厂达400家。

不断推进智能化工厂建设。持续推进鼓励企业利用人工智能、工业互联网平台等数字技术，支持行业龙头骨干实施智能制造标杆提升，在推进数字车间／智能工厂基础上，探索打造无人工厂、未来工厂、超级工厂、共享工厂，推动研发设计、原材料供应、加工制造和产品销售等全过程精准协同，强化生产资料、技术装备、人力资源等生产要素共享利用，实现生产资源优化整合和高效配置。到2025年，全市规上工业企业数字化改造覆盖率超90%，创建省级以上未来工厂达6家。

2. 优化产业中循环，推动经济绿色升级

（1）全面构建绿色循环低碳产业体系

推进绿色产业集群发展。落实国家、省关于建立绿色低碳循环经济体系的精神，根据国家《绿色产业指导目录》，结合我市发展实际明确绿色产业发展重点，优化绿色产业空间布局，促进绿色产业向重点产业平台集聚。以节能环保产业、清洁生产产业、新能源汽车制造产业、再制造产业、清洁能源产业为重点，实施绿色产业"链长制"，以产业链建设为突破口，加大各项生产要素向重点领域投入力度，着力扩大绿色产业规模，形成产业链完备、集聚程度高的绿色产业发展格局。到 2025 年，节能环保产业规模突破 2000 亿元，清洁能源产业规模突破 1000 亿元，新能源汽车产业规模突破 800 亿元，再制造产业规模突破 100 亿元，形成"2+2"梯队式绿色产业集群。

持续优化产业结构。积极培育发展新一代信息技术、生物技术、节能环保、新能源等低碳排放、高附加值的新兴产业，大力推动传统产业绿色低碳转型，有序淘汰高耗能高污染产业，不断壮大资源循环利用装备、先进环保装备、新能源与清洁能源装备制造、新能源汽车制造为核心的绿色产业，到 2025 年，规上高新技术产业增加值占规上工业增加值的比重提高到 75%，资源产出率较 2020 年提高 20%，节能环保产业增加值占规上工业增加值的比重达到 16%，再制造产品销售额年均增长 20% 以上，高能耗产业增加值占工业增加值的比重下降到 20% 以下，基本形成科技含量高、资源消耗低、产出效率高、环境污染少的绿色产业结构。

大力发展生态经济。结合"两山转化"改革，深入推进生态产业化，积极推动"生态 +"绿色新产品、新业态、新模式融合发展，持续探索生态产品价值实现路径。依托"西湖繁星""钱塘碧水""江南净土"等生态优势，深入推进桐庐、淳安等省级美丽大花园创建，积极发展特色幸福产业，加快推进绿色健康产业、全域生态旅游、全民运动休闲等深绿产业发展，加快打造一批耀眼明珠。不断扩大生态产品供给规模，以绿色农产品供给为核心，进一步提升西湖龙井、临安山核桃等生态产品附加值，积极培育千岛农品、塘栖枇杷、建德苞茶、天目笋干、淳安白花胡前、萧山萝卜干等生态产品区域品牌，到 2025 年，"三品一标"农产品占主要食用农产品的比例达

60%，绿色农产品、绿色物流、绿色健康、生态旅游产业成为生态产品价值实现的主要领域。

加快培育绿色产业市场主体。充分发挥行业推动和产业促进作用，围绕新能源汽车、新能源与清洁能源装备制造、再制造、信息技术、精细化工等产业，着力培育有控制力和根植性的绿色产业"链主型"企业。支持优势企业通过并购重组、资本运作等方式，提升产业链垂直整合能力，培育一批具有国际竞争力的绿色产业"单项冠军"和"隐形冠军"。鼓励市环境集团等优化绿色经济布局、结构调整、战略重组，形成专业性大型市属节能环保集团。持续推进迭代升级的绿色企业梯队，催生一批绿色产业龙头骨干企业、行业"小巨人"。在绿色产业领域力争培育6家百亿级、60家十亿级、100家亿级龙头企业，打造一批具有国际竞争力、示范引领作用的绿色企业。

（2）推进产业绿色循环化改造

加快淘汰落后产能。以"亩均论英雄"改革为引领，坚持控制增量和削减存量兼顾，持续深化"腾笼换鸟""凤凰涅槃"，全面整治"低散乱"企业，开展绿色评价，国家环境管理体系、能源管理体系及节能、低碳、有机、环境等绿色认证工作，有序淘汰高耗能高污染产业。严格执行"总量、空间、项目"准入制度和产业项目联合审查制度，引导石化、化工、建材、有色金属等重点行业合理布局，推动传统产业工艺绿色化、智能化改造，加快淘汰污染重、排放高、有毒有害的落后产品、工艺、技术和装备。

构建一批标志性循环产业链。按照"横向耦合、纵向延伸、循环链接"的原则，加快纺织印染、生物医药、高端装备制造、精细化工、建材等全市具有典型循环特色的产业绿色循环化改造，鼓励支持向上下游产业延伸，建立从原料生产到终端消费的全产业链，通过产业链各环节的有效衔接和协作消除废弃污染物，通过产业集群内企业和项目的关联、配套和互补，着力打造跨行业的绿色循环产业体系，推动传统产业向高端、智能、绿色、集聚方向发展，构建符合我市发展特色的"五大"标志性循环经济产业链。

优化工农复合的循环体系。大力发展绿色种植、绿色养殖等高效生态循环产业，推动现代农业园和重要农产品保护区绿色转型。重点培育推广畜（禽）—沼—果（菜、林、果）复合型模式、农林牧渔复合型模式、上农下渔模式、工农业复合型模式等，优化粮、菜、畜、林、精深加工、物流、旅游一体化和一、二、三产业联动发展的绿色现代农业。

推动服务业服务模式创新。培育环境污染第三方治理企业，鼓励社会资本进入污染治理市场，重点在工业集聚区，引入环境服务公司，对园区企业污染进行集中式、专业化治理，开展环境诊断、生态设计、清洁生产审核和技术改造等环境服务产业。积极推行合同能源管理、合同节水管理、创新技术联盟等新绿色发展服务模式，培育一批集标准创制、计量检测、评价咨询、技术创新、绿色金融等服务内容的专业化绿色制造服务机构。鼓励支持餐饮、娱乐、旅游等传统服务业集聚化、规模化发展，通过创新绿色化服务内容增强传统服务业绿色发展能力。

（3）推动产业平台绿色循环升级

推进新一轮循环化改造。全面贯彻落实省新一轮循环经济"991"行动计划，配套设立杭州市绿色发展（循环经济）专项资金。以促进公共设施更大范围共建共享，建设更高水平能源梯级利用网络，提升污染物集中安全处置能力为新一轮循环化改造重点，全面提高资源节约和循环利用水平。推动园区制定综合能源资源一体化解决方案，实施工业园区分布式光伏发电、集中供热、污染集中处理等工程项目，实现园区能源梯级利用、水资源循环利用、废物交换利用、土地节约集约利用，提升园区能源资源利用效率，到2025年，全市产业园区资源产出率提高25%。

实施绿色园区创建工程。按照产业结构、能源利用、运营管理等绿色化要求，选择一批基础条件好、代表性强的工业园区，开展绿色工业园区创建示范。围绕"5+3"重点产业和制造业九大标志性产业链建设，实施园区循环产业链精准招商，重点引进碳去除、绿色技术服务、环境污染第三方治理、能源供应管理等领域企业，营造园区绿色循环产业生态系统。深化园区产业集聚、循环化链接和智慧管理平台建设，推动园区内企业开发绿色产品、创建绿色工程、建设绿色供应链，形成各具特色的工业园区绿色发展模式。实施创建低碳园区示范工程，总结推广杭州经济技术开发区国家低碳工业园区试点建设经验，控制碳密集型项目布局，加快形成低碳产业集群，鼓励企业应用碳捕集与封存（CCUS）技术，探索开展电力需求侧管理，推进工业用能低碳化。到 2025 年，省级以上园区全面开展绿色循环升级工程。

提升园区智慧管理服务平台。以提高园区智慧管理平台数据实时监测能力为目标，整合企业、园区、社会管理等数据资源，统筹企业云平台、园区智慧管理平台、再生资源回收网等平台，形成供需协同、智慧治理、数智服务的园区能源智慧能源管理平台。以拓展园区智慧管理平台服务功能为导向，在产业导航服务、产业综合管理、疫情复工复产等应用场景框架下，开发清洁生产、绿色设计、绿色供应链等绿色循环发展服务场景，全面提升产业大脑数字驾驶舱平台功能。

（4）加快构建绿色用能体系

着力提升能源利用效率。以"能源双控"工作为核心，制定实施绿色能源行动方案，实施能源利用高效低碳化改造工程，针对工业、建筑、交通运输、公共机构、软件和信息服务业等重点领域制定能效提升行动计划。严格控制煤炭消费总量，实施煤炭消费项目减量替代工程，减少化学原料、化学制品制造、纺织、化纤、橡胶等非公用热电行业燃煤消耗量。到 2025 年，全社会能源消费总量控制在 5000 万吨标煤以内，煤炭消费总量较 2020 年下降 10%，煤炭占比降至 15% 以下，单位 GDP 能耗完成省下达目标。

不断提高清洁能源利用水平。以太阳能、浅层地温能和生物质能开发利用为重点，积极拓展可再生能源应用领域，着力实施电网补强和电能替代工程，加快推进天然气中高压主干网全覆盖，扩大清洁能源和可再生能源比例，全面打造契合我市资源禀赋及经济社会生态发展需求，品种多样、模式多元的可再生能源和清洁能源用能体系。到 2025 年，全市清洁能源占比提升到 69% 以上，非化石能源占比提升到 24% 以上。

加快建设绿色数据中心。研究制定杭州市数据中心能效标准指导意见和能效标准导则。严控数据中心项目审批，原则上不予审批纯投资类的数据中心。聚焦 IT 设备及系统、空调散热系统、照明设备等数据中心三大能耗领域，推广综合能源服务，加强制冷系统等非核心用能设备的节能降耗，运用 AI 技术、湖水、江水等辅助制冷，到 2025 年，全市新建大型、超大型数据中心的电能使用效率（PUE）达到 1.4 以下。淘汰一批能效水平低、功能单一、规模小、效益差、资源浪费严重的数据中心。

（5）实施数字赋能发展工程

利用数字技术提高能源利用效率。实施城市能源大数据工程，建立覆盖电、煤、油、气等能源品种，农业、工业、服务业三大生产领域的集成融合数据库。积极开展"互联网＋人工智能＋能源"的智慧能源系统的研发，推进能源网络与物联网之间信息设施的连接与深度融合，全面建成"城市大脑"能源板块驾驶舱系统。实施多能互补集成优化工程，鼓励建设以智能终端和能源灵活交易为主要特征的智能家居、智能楼宇、智能小区和智能工厂，构建以多能融合、开放共享、双向通信和智能调控为特征，各类用能终端灵活融入的微平衡系统，全面建成分布式供能、智能化调控、能源梯级利用的泛能大网。

利用数字技术提高原料利用效率。围绕高端装备、新能源汽车、机电元器件、智能硬件等优势产业，大力推行智能制造、柔性制造、"传感器＋"和"机器换人"等数字化生产方式，推进物联网工厂和智能化制造示范工程，加强工业互联网标识解析推广应用，深入拓展"5G+"工业互联网、"区块链＋"工业互联网、AI智能决策等应用场景，提高金属材料等主要原料利用效率，推动装备制造业生产过程减量化、资源化、无害化。

利用数字技术优化循环利用体系。推进"1+N"工业互联网平台体系建设，依托supET、工业富联等工业互联网通用平台，将互联网、大数据、云计算等数字技术融入传统制造业，通过生产流程数据分析，人工智能算法等数字技术手段优化生产工艺流程，建设资源循环利用体系，构建基于数字技术的生产闭环控制系统。

利用数字技术推动资源集约共享。以共享经济理念探索推进共享制造、共享产业链平台建设，完善新兴产业制造配套体系，提升传统产业集约制造能力。扶持建设线上线下结合的电子信息、智能硬件共享制造工厂，为创新创业主体提供小试中试、快速打样、检验检测、生产制造等服务；加速服务平台及GMP标准厂房建设，打造"共享工厂"；探索推进中试车间建设，打造共享制造产业园、超级云工厂，发展高效集约的制造新模式。

3. 完善社会大循环，构建绿色运营体系

（1）加快建设全域"无废城市"

补强固体废弃物处理基础设施。加快补齐固体废弃物处置能力缺口，建设与固体废弃物处置能力相匹配的基础设施。加快推动临江循环经济产业园区建立生活垃圾协同处置利用基地，桐庐、临安一般工业固废处置项目建设。优化工业固废、生活垃圾、建筑垃圾等处理设施精准布局，推进一般工业固废二次分拣中心、快递包装物回收点、畜禽粪污收集、沼液收集贮存利用、易腐垃圾处理设施、建筑垃圾规范化利用等废弃物处理网点建设。探索推进生活垃圾处置项目焚烧发电与供热相结合的复合能源供应模式。

促进主要农业废弃物全量利用。深化"肥药两制"改革，推广减量施肥技术，实施"农药减量控害增效工程"。持续创新秸秆、畜禽粪便等农业废弃物肥料化、饲料化、燃料化、基料化、原料化等多途径利用模式。全面禁止生产和使用厚度低于0.01毫米的地膜，示范推广"一膜两用""一膜多用"及茬口优化等农膜减量替代技术，实施轮作倒茬制度，将地膜回收作为生产全程机械化的必要环节，全面推进机械化回收。到2025年，农膜回收率达95%以上，农作物秸秆综合利用率达98%以上，畜禽粪污综合利用率接近100%。

推动工业固废贮存总量趋势零增长。实施"无废化"工业园区创建行动，探索实施"以用定产"政策，实现固体废物产销平衡。拓宽粉煤灰、炉渣、冶炼废渣、脱硫石膏和废水处理污泥等一般工业固废综合利用途径，疏通上下游市场流通渠道，稳固资源化利用链条。加强危废规范化管理，聚焦垃圾焚烧飞灰、废酸废碱、含铜废物、精（蒸）馏残渣、有机树脂类废物、化工类污泥、含铬废物、含有机卤化物废物、废矿物油、废铅酸蓄电池、医疗废弃物等危废处理产业链延伸，着力解决危废综合利用产品出路难问题。

持续提升生活垃圾处置能力。深化"城市大脑"应用，深入推进垃圾分类，建设智慧高效回收处理体系。建立"逆向物流"体系，推进再生资源回收网、快递服务网和垃圾分类收运网"三网融合"，切实加强垃圾收运、处置等后续管理工作，优化完善与生活垃圾分类相匹配的收运、回收、处理体系。提高餐厨垃圾资源化利用水平，推广生活垃圾可回收物利用、焚烧发电、生物处理等资源化利用方式。到2025年，城镇生活垃圾分类处理率达100%，城乡生活垃圾回收利用率达到70%。

（2）健全资源回收利用体系

打造完整的再生资源回收利用体系。完善再生资源回收体系，形成回收站点、分拣中心和集散市场完整的"三位一体"回收体系。不断扩大"互联网＋再生资源回收"模式，重点推进废弃电器电子产品、报废机动车等高值再生资源分拣利用，推动再生资源分选、拆解、破碎、加工利用技术和装备升级，加快形成覆盖分拣、拆解、加工、资源化利用和无害化处理等环节的完整产业链，着力加强深度加工利用，提高产品附加值。

构建完善的大宗固废回收利用体系。以建筑垃圾和农作物秸秆回收利用体系建设为重点，构建全市大宗固废回收利用体系。切实推进建筑垃圾分类分选工作，开展"工完场清"现场回收利用行动，推进建筑垃圾减量化。统筹建筑垃圾中转作业点、应急储备点规划布局建设，做好建筑垃圾、再生产品原料、建筑再生产品利用的资源化再利用产业链，推进建筑垃圾再生产品领域与工程建设材料供应循环链接。建立农户—秸秆收储公司—秸秆需求单位的秸秆回收网络，打通秸秆向电力、肥料、天然气、新材料等供应商输送渠道，形成畅通的秸秆收储、调控体系。

推广先进的回收模式。鼓励各地、各部门针对再生资源市场回收失灵品种的领域，与回收能力强、效率好、服务好、对垃圾减量作用明显的企业签订合作协议。推广"虎哥回收""家宝兔""环强智慧回收房"等新再生资源回收模式，充分利用"互联网＋回收模式""大数据＋云计算"等数字平台，从产废源头建立起标准化回收机制，垃圾分类与资源回收利用形成一套完整体系。

（3）提升城乡建设绿色水平

全面推广绿色建筑。加快完善绿色建筑全生命周期制度体系，大力推广绿色建材和装配式建筑，新建民用建筑严格执行绿色建筑设计标准。以亚运会场馆、亚运村、钱江新城、未来科技城区域建设为示范，引领和带动高星级绿色建筑发展和高水平绿色建筑适宜技术推广应用，鼓励房地产开发企业建设绿色住宅小区。深入开展公共建筑能效提升改造工程，通过合同能源管理模式等规模化实施公共建筑节能改造，鼓励公共建筑在节能改造时同步按照绿色建筑标准，实施绿色化改造。到 2025 年，培育高星级绿色建筑标识项目50项，实施3项绿色生态城区规划建设试点，完成既有居住建筑节能绿色化改造180万平方米，公共建筑节能改造320万平方米，城镇既有民用建筑中节能建筑所占比例超过70%。

着力打造绿色交通体系。制定实施绿色低碳交通行动方案，加快建设轨道交通为主、高速公路为辅的城际交通运行模式，不断完善地铁、公交、水上巴士、共享自行车等绿色公共交通体系建设，倡导公共绿色出行方式。综合运用5G、AI、IoT、无人化设备数字技术，加快推进城市轨道交通、公交专用道、快速公交系统、公路、铁路等公共交通基础设施智慧化、绿色化改造。积极推进清洁燃料汽车、混合动力汽车、电动汽车等新能源或清洁能源汽车应用，加快推进新能源和清洁能源汽车充电桩、综合供能站等配套设施建设力度，大力推广车用乙醇汽油、生物柴油、天然气、氢能等新型燃料应用，大力发展多式联运、江海直达等先进运输方式。到2025年，全市绿色出行比例达到60%，新能源汽车比例达20%。

推进基础设施绿色升级。结合老旧小区改造、城市有机更新、地下综合管廊建设，加快建设集约高效、富有韧性的城市基础设施。统筹推进地下管网建设，加强地下综合管廊建设、管理，着力提升管线入廊率，减少地面开挖。因地制宜推进海绵城市建设，加强城市水环境综合整治，完善城市防洪排涝体系，加强海绵型建筑小区、道路广场、公园绿地、绿色蓄排与净化利用设施等建设，到2025年，城市建成区55%以上的面积达到海绵城市建设要求。继续加快城镇污水处理厂、污水管网等建设改造，全面实现"污水零直排"。优化供水设施布局，在工业集聚区推行工业分质供水，强化水安全保障，促进优水优用，提高水资源利用率。

（4）倡导形成绿色生活方式

深化绿色细胞创建。坚持以强化公共绿色生活理念为基点，突出统筹联动、辐射带动、宣传引领、优化提升，编制《绿色生活指南》，深入开展和创新"绿色细胞"工程建设，全面开展节约型机关、绿色家庭、绿色学校、绿色社区、绿色出行、绿色商场、绿色建筑等创建行动，将"绿色细胞"工程融入全市经济、政治、文化、社会、生态文明各个领域，广泛推广绿色发展理念和简约适度、绿色低碳、文明健康的生活理念，形成崇尚绿色的社会氛围。

推进绿色消费革命。倡导环境友好型消费，推广绿色服装、引导绿色饮食、鼓励绿色居住、普及绿色出行、发展绿色休闲，利用"互联网+"等新技术新平台促进绿色新消费。深入开展"≤N点餐""光盘行动"、绿色包装等反对浪费行动。鼓励建立绿色批发市场、绿色商场、节能超市、节水超市、慈善超市等绿色流通主体，支持市场、商场、超市、旅游商品专卖店等流通企业在显著位置开设绿色产品销售专区。推广"绿币兑换"长效运行机制，鼓励公众优先购买节水节电等环保产品。探索推进绿色、低碳产品认证标识体系建设，实施产品碳足迹和碳审核。优化限行摇号管理制度，推进新能源汽车迭代发展。

倡导绿色行为方式。加大生活垃圾管理法律法规的公益宣传力度，切实增强群众垃圾分类意识，引导群众持续精准投放垃圾，养成垃圾分类就是新时尚的良好习惯。鼓励群众在日常消费中选购绿色、环保、可循环产品，减少使用一次性筷子、纸杯、塑料袋等制品。加快完善全社会绿色物流和配送体系，积极推广可循环、可折叠包装产品和物流配送器具。倡导绿色居住和绿色办公，从节约一度电、一滴水、一张纸做起，养成简约适度的消费习惯。引导群众优先选择步行、骑车或乘坐公共交通工具出行，鼓励拼车或使用共享交通工具，养成低碳环保的出行习惯。

（5）深化多点多级示范创建

打造绿色循环示范体系。以建设成为新时代美丽中国建设先行示范区为引领，全面完成省级"无废城市"建设，争创全国"无废城市"。制定实施清洁能源、资源循环利用行动计划，加快推进清洁能源示范市、资源循环利用试点城市建设。巩固提升现代生态循环农业示范区建设，延伸国家生态文明先行示范区建设。围绕绿色制造、生态农业、绿色能源、大花园建设、资源循环利用等领域，面向全市、区县、乡镇、园区和企业打造绿色循环示范体系。

推进绿色低碳试点创建。制定实施城市碳汇行动，深入开展西湖西溪原生态湿地保护行动，推进淳安特别生态功能区零碳试点建设，在临安、建德、淳安、富阳、桐庐等地启动碳汇造林工作。制定全市零碳或近零碳试点实施方案，制定零碳标准和评估机制，以淳安县及主城区等碳汇资源丰富或排放量较低区、县（市）为重点，探索开展零碳或近零碳区、县（市）试点，以现有低碳试点社区为重点，鼓励提升发展为零碳或近零碳社区，探索开展零碳未来社区试点。探索开展低碳工业园区建设。

实施绿色亚运行动方案。根据"绿色、智能、节俭、文明"的办赛理念，结合亚运城市行动计划，制定并全面实施绿色亚运行动方案，推广可再生能源、天然气等清洁能源，布局智能微电网、新型储能设备在亚运"三村三馆"应用，深化"城市大脑"应用，高标准实施垃圾分类，建设智慧高效回收处理体系，全面推广环保布袋、纸袋等塑料替代产品，将"绿色亚运"作为杭州亚运会重要宣传口号，树立绿色典型，普及绿色知识，宣传绿色理念，倡导绿色生活方式。

4.建立支撑新体系，完善绿色发展机制

（1）深化绿色发展领域改革

纵深推进淳安特别生态功能区建设。发挥淳安特别生态功能区的"特区"作用，积极发展绿色生态产业，建立产业生态化和生态产业化融合发展机制，依托生态环境优势，创新"数字+"等产业发展模式，探索形成生态资源与高端产业精准对接模式，以生态共保推动绿色发展区域合作，不断健全水质净化、水源涵养和固碳服务等生态调节服务产品有偿使用，开展第四轮新安江流域生态补偿工作，构建市域范围内生态补偿机制，加快建立跨流域、跨区域的市场化、多元化生态补偿机制，将淳安建设成为美丽浙江大花园样本地，为我市提供若干有效管用、可复制可推广的绿色发展制度成果。

持续推进"两山"转化改革。深化自然资源产权制度改革，探索建立自然资源资产所有权委托代理机制，完善国有、集体所有自然资源资产收益管理制度，探索赋予集体自然资源收益、抵押、继承等权能，增强自然资源管理和经营能力。支持各地开展"两山银行"试点建设，推进"生态+金融"等模式创新，打通生态产品价值实现路径，吸引更多市场主体和社会资本参与生态环境保护和绿色发展。构建多级联动运营平台，建设"两山银行+城市大脑"数字化服务体系，形成绿色奖补机制、生态+高端要素、生态景观增值等多种两山转化通道。

加快完善生态产品市场化改革。深入开展生态资产与生态产品市场交易体系建设，完善有机产品、绿色产品、低碳产品等生态产品质量认证结果采信机制，切实提升杭州市生态产品品牌竞争力。加快形成碳排放权、用能权、排污权、用水权等发展权配额之间的兑换机制。不断创新生态产品交易模式，逐步扩大交易范围，完善存量交易制度体系。支持淳安、桐庐、临安等西部区、县（市）持续探索开展碳汇交易，支持淳安特别生态功能区开展水权交易。

深入推进阶梯价格制度改革。建立完善自然资源产权体系，编制形成生态资源清单、产权清单、项目清单，建立完善分级分类的资源资产管理体系，加快完善自然资源价格形成机制。按照激励与约束相结合原则，全面实行资源使用分行业定量管理，深化电价、水价、天然气等资源阶梯价格改革，建立环境治理有偿服务收费动态调整机制，健全污染、垃圾、危险废物等排放和处理的差别化收费制度。

（2）完善绿色发展配套政策

制定碳达峰行动方案。制定涵盖能源、工业、交通、建筑、农业、居民生活、科技创新等"6+1"在内的杭州市碳达峰行动方案，明确杭州市碳达峰的总体目标和具体举措。按照"一业一策"的要求，制定水泥、化学原料及化学制品制造业、纺织印染等重点行业达峰行动工作方案。探索排放总量和强度"双控"制度，开展重点行业碳排放监测、报送和核查机制。

完善生产者责任延伸制度。根据国家、省有关部门制定的强制回收产品和包装物名录，落实强制回收产品和包装物生产者回收责任。重点在电器电子产品、汽车产品、动力蓄电池、铅酸蓄电池、饮料纸基复合包装物、轮胎等产品生产行业实施生产者责任延伸制度。深化快递业绿色包装试点，推广绿色包装，促进快递包装标准化、减量化。积极探索快递、啤酒生产等企业建立包装容器逆向物流体系，促进包装物循环使用。推行宾馆、酒店、KTV（酒吧）等经营者与再生资料回收企业签订回收协议，建立定点定时收运制度，提高包装容器回收利用率。

完善财税政策体系。积极争取国家和省各类财政补助资金和税收优惠政策。加大绿色园区、绿色工厂、绿色交通、绿色基础设施等领域资金扶持力度。实行节能环保项目按国家规定减免企业所得税及节能环保专用设备投资按规定抵免企业所得税政策。实施首台（套）绿色技术创新装备示范应用工程，对蒸汽—燃气联合循环技术、干式蒸馏、含硫废水汽提净化回用、凝液回收、清污分流分质、废水处理中水回用等绿色技术装备国内和省内首台（套）项目按上级有关资助或奖励额度给予同等奖励。加快完善政府绿色采购制度，着力引导党政机关、国有企业、事业单位以及社会组织采用绿色技术和绿色产品。

形成绿色贸易体系。加快推进中国（浙江）自由贸易试验区杭州片区建设，积极发展绿色贸易，提升全市产业国际竞争力，深度参与国内国际双循环新发展格局建设。建立完善环境标志产品、绿色产品、低碳产品等认证体系，鼓励扩大认证产品出口规模，加大限制贸易产品和禁止贸易产品审查力度。

（3）完善绿色发展推进机制

建立绿色发展联席会议制度。建立由发展改革、生态环境、商务等相关职能部门及各区县（市）、开发区负责人参加的联席会议制度，研究决定实施工作的重大决策，协调解决循环绿色发展问题，重大问题向市委市政府报告。

加快推进重大项目建设。在绿色园区建设、绿色能源发展、绿色技术创新、绿色制造示范等领域建成一批重大项目，促进循环经济链条打造、平台优化、动能集聚，形成"建成一批、在建一批、开工一批、储备一批"的梯度推进格局。及时总结重大项目建设运营先进经验和典型做法，适时复制推广。

编制绿色循环发展白皮书。每年定期向社会发布绿色循环发展白皮书，全面总结全市绿色循环发展年度工作成果和绿色发展经验，剖析问题并提出对策，明确下年度重点工作目标和任务。

完善绿色发展绩效考核体系。进一步完善规划实施监测评估制度，加强对绿色发展指标完成情况跟踪统计监测，委托第三方评估机构适时开展中期评估和总结评估。推动西部区、县（市）开展生态系统生产总值（GEP）常态化核算，探索将生态产品价值核算总量（GEP）纳入经济社会发展综合评价体系。支持淳安等地建立生态产品价值考核体系和干部离任审计制度，完善生态产品保护责任追究制度，形成GEP和GDP"双核算、双运行、双提升"的评价机制。

（4）完善绿色发展支撑体系

加快打造绿色供应链。发挥电子电器、汽车、通信、快递等行业龙头企业的引领带动作用，落实生产者责任延伸制度，加强供应链上下游间企业协调与协作，构建以生命周期资源节约、环境友好为导向，涵盖采购、生产、营销、使用、回收、物流等环节的绿色供应链。推动一批企业纳入国家绿色供应链试点。

构建市场导向的绿色技术创新体系。制定绿色产品、技术推广目录，鼓励和支持各类资源节约和综合利用的产品、技术、工艺的研发、示范和推广应用。加快推动行业龙头企业为主体的制造业首台（套）提升工程，支持首（台）套绿色技术装备工程化公关和应用。依托杭州国家高新技术产业开发区、未来科技城等高能级科创平台，鼓励企业、高校、科研院所建设绿色技术中试公共设施，推动一批重点绿色技术创新成果支持转化应用。

创新发展绿色金融体系。丰富完善绿色金融组织体系，提升绿色金融服务水平。开发生态贷款、"两山"基金、绿色证券等绿色金融产品，推动绿色消费、生态农业、绿色能源、节能环保、绿色建筑等领域的信贷产品和服务模式创新，拓宽绿色直接融资渠道。构建绿色产业改造升级的金融服务机制，支持城市绿色基础设施建设和特色小镇发展机制，创新推动"绿色支付工程"、绿色保险服务。

完善绿色信用体系。完善绿色信贷业绩评价机制和结果应用，加强财政金融政策协同，探索建立健全全市绿色信贷融资担保机制、绿色贷款风险补偿机制、绿色贷款贴息制度承销奖励制度。探索建立绿色生态信用体系，将生态保护、污染排放、节能减排等行为纳入信用评价范围，并建立绿色信用与金融信贷、行政审批、医疗保险、社会救助等挂钩的联动奖惩机制。

推动制定循环经济标准体系。积极参与全省绿色发展标准体系建设。完善交通、家电、教育、医疗、商场超市、宾馆饭店等重点行业（领域）绿色服务产品认证标准。支持科研机构、企业和产业技术联盟积极开发、创制具有自主知识产权的新标准。围绕建筑能效管理、绿色照明、再生资源回收、节能低碳与循环化改造等领域，支持企业、行业协会开展先进技术和绿色产品标准制定。

（5）加强绿色发展宣传教育

积极开展绿色发展宣传活动。结合生活垃圾分类、世界环境日、世界能源日等主题活动，充分利用报纸、广播电视等传统新闻媒体和网络、手机客户端等新媒体，在学校、商场、超市、农贸市场和社区、地铁、旅游景点等公众聚集、大流量区域，通过户外大屏、移动电视、墙体标语、灯箱展板、短视频、动漫、长图等多种形式开展绿色发展专题宣传，增加趣味性和可读性，深入介绍各领域建设模式举措，总结推广工作成效和典型做法，提高公众绿色发展意识和理念。开展绿色循环低碳科普宣传，引导行业协会、商业团体、公益组织开展专业研讨、志愿活动等，加强公共机构绿色低碳生活的宣传教育。

加强绿色发展理念教育。将绿色发展理念全面融入基础教育和专业教育，增加学生教材内容和面向社会各层次的科普读物。积极开展绿色循环低碳建设公共教育，举办绿色循环技术推广会、经验交流会、成果展示会。在职业教育等公共教育中，设置与绿色低碳发展相关课程，加强在职人员理论培训，提高全社会对发展绿色低碳发展的认识和推动能力。

全面开辟循环经济第二课堂。按照"可参观性、可教育性、普及性和宣传公益性"要求，丰富教育内容和形式，大力开辟循环经济第二课堂。进一步办好"跟着垃圾去旅游""两山银行"展示活动，加快示范基地体验点建设，拓展体验点覆盖区域和人群。深入推进九峰、天子岭国家循环经济教育示范基地建设，依托淳安特别生态功能区，开展绿色发展教育基地建设。加强宣传引导，树立绿色典型，普及绿色知识，宣传绿色理念，倡导绿色生活方式。

二、温州市历史文化名城保护规划（2010—2035 年）

为了保护温州历史文化名城，维护并延续温州历史文化名城的风貌特点，继承和弘扬城市的传统文化，统筹安排各项城市建设，为保护和整治提供技术法规依据和措施，特此制定温州历史文化名城保护规划。见图 5-1。

图5-1 温州历史文化名城保护规划总图

（一）规划目标

近期：至 2010 年。规划目标：对整体格局——山水格局环进行保护，完成环城绿化带的规划与实施；对十条视廊中除谯楼——江心双塔外的九条视廊进行保护控制，与上述保护有冲突的建筑予以拆除或降层；完成五马街历史文化保护区的规划与实施；完成解放北路历史文化保护区的规划；完成江心屿历史文化保护区、海坛山历史文化保护区、郭公山历史文化保护区、华盖山历史文化保护区、积谷山历史文化保护区、松台山九山河历史文化保护区的规划并结合城市山水环境保护进行实施；对文物古迹、文物点和历史建筑予以重点保护，尤其对濒临破坏的历史遗存进行抢救性保护；搬迁工厂用地和大型事业单位用地，增加绿地和广场，对有悖保护的建设和开发予以控制、调整和制止。

远期：至 21 世纪中叶，完成古城功能改善、用地结构调整和人口分布调整，疏散人口，降低人口密度；对谯楼——江心双塔视廊进行保护控制，与上述保护有冲突的建筑予以拆除或降层；完成解放北路历史文化保护区的实施；保护与整治历史建筑及其环境，改善传统民居群的居住条件，激活传统商业氛围，从城市整体上落实保护措施，保护古城空间形态和视廊，结合具体情况，制定永久性的保护、维护及整治的具体规定，使其长期保持活力，并使保护工作长久持续下去。

（二）历史文化价值概述

温州是浙江省历史文化名城。保护规划突出保护温州历史文化名城的文物古迹和历史地段，保护和延续城市的风貌特点，体现温州古城的特色。"山水古城"—— 温州"通五行之水""连五斗之山""凿二十八井"，作为古城选址和建设的山水格局，城址和布局历一千六百年未变，倚江、负山、通水，风貌独具特色。有"楼台俯舟楫，水巷小桥多"的风貌，城内街区方正，道路格局"两纵四横"，水系发达，"一坊一渠，舟楫必达"。"沿海重镇"—— 温州历来为地区行政中心、沿海重要交通贸易港口以及重要海防的城市。"控带山海，利兼水陆，实东南之傲壤，一郡之巨会"。"文化名郡"——温州人文鼎盛，民俗渊源，号称"东南邹鲁"，文化底蕴深厚。"商贸之都"——温州传统街区商业兴盛，重商贸，"事功利"，商品经济繁华发达，温州模式闻名全国。

（三）保护规划的原则

保护规划的中心主题——保护温州优秀的历史文化遗产，保护独具魅力的城市山水格局、传统商业性街市以及居住性历史街区风貌景观，充分挖掘历史文化内涵，以使保护古城与城市建设、经济发展相协调。

保护规划的原则——本着"保护为主，抢救第一"的方针，对温州历史文化名城坚持"有效保护，合理利用，科学管理"的原则，正确处理好保护与建设的关系。

保护规划的基本点——充分协调保护与发展，协调保护风貌、发展经济与改善居民生活之间的关系，制定具有可持续发展意义的、具有现实可操作性的规划。

保护规划的重点内容——包括各级文物点、文物保护单位的保护，历史文化保护区的划定和保护，城市整体风貌保护和空间格局保护，建筑高度控制和视廊保护，历史文化内涵的挖掘与继承。

保护规划的合理定位——保护城市整体格局，保护城市传统风貌，提升传统商业氛围，形成完善配套设施，建设宜人优雅环境，选择合理开发容量。

保护规划指导思想——温州历史文化名城的规划建设工作应当与国民经济和社会发展计划、土地利用总体规划、城市总体规划相衔接，符合国家和省有关历史文化名城保护的规范、规定和条例；注重保护城市的文物古迹、历史地段，保护和延续古城传统风貌、格局和空间形态，保护近现代优秀建筑，继承和发扬城市的传统文化；适应城市居民现代生活和工作环境的需要。

本次保护规划着重于以下几方面：分析总结温州历史文化名城的历史发展和现状特点，确定合理的城市社会经济战略，并通过城市规划在城市空间上予以落实。确定合理的城市布局、用地发展方向和道路系统，妥善保护城市格局和历史环境，通过道路布局和控制建筑高度，展现历史风貌建筑和地段，更好地突出温州历史文化名城的特色。把文物古迹、传统民居、古桥名木、遗迹遗址，以及展示历史文化的各类标志物，在空间上组织起来，形成网络体系，使人们便于感知和理解深厚的历史文化渊源。明确规划保护范围，制定有关要求、规定及指标，制止建设性破坏。处理好建设与保护的关系，在整体环境中维持历史风貌特色。

（四）整体保护规划措施

保护框架制定的目的是在概括提炼温州历史文化名城风貌特色的基础上，通过加强对体现名城的历史文化价值的山水城市格局的整体保护，历史文化保护区的保护，文物保护单位、文物点和历史环境要素的保护，整体地保护温州历史文化名城传统的物质形态和文化内涵。

保护框架的构成要素：文物保护单位和文物点的保护，历史文化保护区的保护，山水城市格局的整体保护。

保护规划的重点：文物古迹的保存与维护，历史文化保护区的保护与整治，城市格局与传统风貌的保持与延续，城市传统文化内涵的挖掘和发扬。

保护框架内容为："环""线""片""点"的保护。

"环"：一环，指温州山水城市格局，主要由构成古城山水"环"的海坛山、华盖山、积谷山、松台山九山河、郭公山和江心屿及小南门河、瓯江、勤奋河、九山外河、花柳塘河组成。

"线"：十线，指古城内主要的空间景观骨架，包括谯楼—江心双塔、谯楼—华盖山、谯楼沿公安路—五马街、江心双塔—信河街与江滨路口、江心西塔—郭公山、江心东塔—海坛山、郭公山—松台山九山河、海坛山—华盖山—积谷山、五马街—松台山、五马街—积谷山共 10 条视廊保护线。

"片"：八片，指古城内文物古迹较集中，并能较完整地反映温州传统风貌和地方特色，具有较高的历史文化价值并有一定规模的历史文化保护区，包括海坛山历史文化保护区、华盖山历史文化保护区、积谷山历史文化保护区、郭公山历史文化保护区、松台山九山河历史文化保护区、江心屿历史文化保护区、解放北路历史文化保护区、五马街历史文化保护区，共计八个历史文化保护区。

"点"：指各级文物保护单位、文物点和优秀历史建筑。

积极保护古城区，优先发展新城区。重点调整古城的用地布局，调整现状部分综合效益较低的用地性质，转变为商业服务、文化娱乐、博物展览等与历史风貌相协调的用地。

整合用地性质，古城区用地性质以居住用地、商业和娱乐用地以及绿化用地为主，其中海坛山历史文化保护区、松台山九山河历史文化保护区、华盖山历史文化保护区、郭公山历史文化保护区、积谷山历史文化保护区以绿地、水面为主要用地性质。五马街历史文化保护区以文化娱乐和商业为主要用地性质。集中发展五马街、解放北路、府前街等几条主要商业街和商业金融中心。

调整古城区用地布局，迁出老城区内部如九山河相邻地块内的工厂仓储和部分国家行政机关、大型企事业单位，结合老城区的保护与整治，改造工业用地，合理开发旅游。

规划结合文物古迹和历史文化保护区的保护，完善和新增绿化公园和绿化广场，建设环古城绿化带，以松台山九山河历史文化保护区为核心建设大型绿化公园和广场，华盖山历史文化保护区与墨池连片建设墨池公园，滨江和沿小南门河增辟带状绿地。

保护好古城区和风景名胜区内的古树名木，全方位改善自然、生态环境。利用原有居住用地间的部分弃置地，规划新增公共绿地及休憩、集散广场用地，全方位改善自然、生态环境及居民、游客的生活、游览环境。增设停车用地和道路交通等配套设施用地。

在对温州历史文化名城的社会经济发展现状的研究的基础上，参考居民意愿调查，对未来旧城居民的人口构成、生活方式的变化发展做出合理的预测，并通过物质设施的建设去适应未来发展的需求。根据历史文化名城的定位，规划适当控制人口规模，降低人口密度。温州古城按 2 万人每平方千米的标准，现有人口 22.9 万，规划至 2010 年，人口降至 20 万；至 21 世纪中叶，人口降至 8.4 万。

居住人口及居住方式的调整：减少居住户数，迁走一定的住户，以保证居民的居住面积，拆除自建的小屋或构筑物，恢复住宅的原有结构。人均居住建筑面积按 30 平方米计算。作为纯步行环境内的住区更新，主要的矛盾在于解决居民对公共环境的要求。规划对原来建筑外部功能混沌空间精心梳理，形成多级网状的外部交往空间，形成主要道路→巷道→内部小广场（公共交往空间）→私人院落的结构。

对居住建筑单体改造应充分尊重传统文化，贯彻生态的观念，弘扬中国传统建筑同自然和谐共生的哲学观。对居住室内和内部设施进行改造，以适应核心家庭增多的趋势，并从传统居住模式中吸取丰富的养料。根据现状公共服务设施的空间分布，增加居民日常生活服务的数量和质量，方便日常生活，增加历史街区居住环境的吸引力。

在对温州历史文化名城历史形成的外部和内部空间结构进行研究的基础上，对有特色的城市空间要素提炼概括，结合城市空间现存体系，保持并强化古城"江、屿、山、城"的城市空间格局，使古城城市空间成为一个具备温州古城特色与清晰历史脉络的结构系统。

城市空间结构由城市开放空间系统、可指认地域空间、特色街道空间、城市空间认知点四个部分组成。城市空间结构以"江、屿、山、城"的城市开放空间系统为背景，以古城区和历史文化保护区的地域空间为内容，以具备一定特色的道路空间为骨架，以对城市空间起重要控制作用的城市标志物为节点，保护集中体现以上系统的城市格局保护带。

保护、整治五马街历史文化保护区，使之成为集中反映民俗民风的传统街区，成为居住、购物、观赏、旅游、休憩地域。保护并强化古城内二纵三横主干道和鱼骨状次干道的空间格局，保护并整理五马街、鼓楼街、公安路、解放北路等特色商业街道空间和庆年坊、朔门街等传统居住街巷空间。强化江滨路等自然景观道路空间。

保护小南门河、九山河等环城水系，并适当恢复历史文化保护区内的历史性河道，形成和谐的江南水乡城市的独特景观空间。以传统的居住形态为范本，根据实际情况，选择各民居类型中某些有特色的建筑，如历宅、谷宅等，改造内部结构，改善居住环境，恢复其传统居住空间格局。

历史城区内富有特色的街巷如解放路、五马街等，应保持原有的空间尺度。历史城区内需要拓宽的非历史性道路，其拓宽程度不得影响街区历史的空间特征。过境交通不得穿越古城，交通组织应以疏解为主。调整路网结构，加强江滨路、人民路、望江路、广场路的通行能力，缓解古城内东西向的交通。

鼓励公共交通。历史文化保护区内道路、街巷保持原有的尺度、比例和格局。采用多种方式解决居民出行和车辆停放问题，根据需要划定步行区。五马街开辟为全天候步行街，街区内部道路鼓楼街、晏公殿巷等进行交通管制，对通行车辆进行限制，并在街区外利用空地布置停车设施。

历史文化保护区内街道、路巷宜采用历史上的原有路名。一般不得设置大型停车场、加油站和广场，停车优先考虑地下停车方式，条件许可时可采取路边停放。加大环古城的道路的密度和宽度，减少古城交通量。

综合利用多种绿化手段，结合原有的历史景观资源特征，突出原汁原味的古城绿化特色。

环城绿化：用绿化手段突出山水城市格局，形成环城山水绿化带。

滨江绿化：强化江滨路的绿化种植和绿化配置，结合海坛山和郭公山的山体绿化，提高江滨路景观道路的品质。

城墙绿化：结合海坛山、华盖山等城墙遗址的保护和部分修复，强化并完善沿古城墙墙基的绿化系统。以灌木和少量乔木的形式，结合有关城墙的小品设置，烘托古城墙庄重古朴的历史氛围。

庭院绿化：强化近人尺度的庭院绿化，种植单株观赏植物形成视线吸引点，提高居民的生态意识，提倡居民对各自的庭院进行自赏绿化布置。为古城内部的老屋旧宅增添绿色的生机。

广场绿化：在古城内主要是结合文物点保护范围的划定设置点式绿化体系。强化人民广场和麻行广场的广场绿化。

滨水绿化：结合温州古城水系的保护和疏通，强化滨水绿化，改善古城景观。

道路绿化：强化交通性和景观性主要道路，如人民路、江滨路的沿路绿化。改善道路景观和环境品质。

在老城区内各类设施的配置，应充分体现可持续发展的原则，重视绿化空间的组织，尽量减少对空气、水体、土壤的污染，恢复良好的生态环境。对市区范围内的古树名木，应由市人民政府城市绿化行政主管部门，建立古树名木的档案和标志，划定保护范围，加强养护管理。

古城内加强消防设施的配备，杜绝火灾隐患，对于一般地区和新建建筑，应严格按照消防规范的要求，留出足够的通道和间距。历史文化保护区应制定特殊的消防规范，采取相应的消防措施：可拆除一些历史风貌差的建筑，留出空地和间隔作为消防通道。对于历史建筑集中的区域，以及街巷尺寸窄小、传统风貌浓郁的空间，应采用提高消防设施的配置数量和等级、多设置取水口、改良装备等方法，提高火灾补救能力。配备专用于历史文化保护区，尤其是重点保护区的尺寸较小、行进灵活的消防车辆，并配置人工携带式消防配备。改善基础设施，集中供应管道煤气，埋设电缆，减少火灾发生率。各文物点应经常进行安全检查，配置相应有效的消防设施。加强消防知识宣传和普及工作，历史文化保护区内定期进行消防演习，提高群众对于消防的重视。

（五）保护等级与保护范围划定

文物保护单位和文物点的保护：文物古迹既要注意已经定级的文物保护单位，又要注意尚未定级而确有价值的文物点的保护，经论证无法保存原物的可采取建立标志或资料存档等方式妥善处理。温州城区有市级以上文物保护单位 97 处，文物保护点 26 处，为了对这些文物保护单位进行切实的保护，根据《中华人民共和国文物保护法》的规定，对各个文物保护单位和文物点划定保护范围，划分不同等级的建设控制地带，执行不同等级的保护规定，以使古城环境风貌符合文物古迹的保护要求。文物保护单位保护范围和建设控制地带的划定主要考虑视线分析、噪声环境分析、文物安全保护要求和高耸建筑物的观赏要求等分析综合制定。对文物保护单位划定保护范围，并根据实际需要划出建设控制地带，做出相应的管理规定。

保护范围：所有的建筑本身与环境均要按文物保护法的要求进行保护，不允许随意改变原有状况、面貌及环境。如需进行必要的修缮，应在专家指导下按原样修复，做到"修旧如故"，并严格按审核手续进行。该保护范围内现有影响文物原有风貌的建筑物、构筑物必须坚决拆除。

建设控制地带：应控制为防火绿化带或风貌协调建筑，建筑物控高 2 层，高度控制为 7 米。该区内凡保留的传统民居建筑应加强维修，有冲突的建筑应逐步拆除，新建建筑色彩应采取温州传统建筑特有的色彩、装饰和建筑形式，门、窗、墙体、屋顶及其他细部必须体现温州传统风貌。

优秀历史建筑的保护要求参照文物保护单位进行。包括不能随意改变现状，不得施行日常维护外的任何修建、改造、新建工程及其他任何有损环境、观瞻的项目。在必须的情况下，对其外貌、内部结构体系、功能布局、内部装修、损坏部分的整修应严格依据原址原样修复，并严格遵守《中华人民共和国文物保护法》和其他有关法令、法规所要求的程序进行。对文物保护单位和文物点应采取保存、维护和修复的方式。文物保护单位和文物点原则上原址原环境保护，确因建筑需要移建的，应得到文物主管部门许可并严格按审批手续，经过仔细论证。

历史文化保护区的保护：

历史文化保护区相对文物古迹而言，其群体的效果对于体现历史文化名城的价值更为重要。在五马街历史文化保护区、解放北路历史文化保护区的保护中，街道格局的保护、街巷的整理和复原十分重要。建筑保护都必须结合居民生活的改善、商业活动的繁荣而进行，才能保证街区始终保持因人的活动存在而充满持久的内在活力。历史文化保护区是温州历史文化名城特色风貌集中体现的区域，分别为：五马街历史文化保护区、江心屿历史文化保护区、海坛山历史文化保护区、解放北路历史文化保护区、积谷山历史文化保护区、松台山九山河历史文化保护区、郭公山历史文化保护区、华盖山历史文化保护区。历史文化保护区的范围涵盖文物古迹或历史建筑集中成片、历史风貌较为完整的地区。

历史文化保护区保护范围划分为两个层次：重点保护区和传统风貌协调区。重点保护区由重要的文物保护单位和文物点、传统建筑物以及连接这些传统建筑物的主要街道、视线所及范围的建筑物、构筑物和山体、水体等历史要素所共同组成的区域。解放北路历史文化保护区、五马街历史文化保护区的重点保护区建筑，控高为 3 层，高度不超过 10 米，江心屿历史文化保护区、海坛山历史文化保护区、华盖山历史文化保护区、积谷山历史文化保护区、松台山九山河历史文化保护区、郭公山历史文化保护区的重点保护区建筑控高为 2 层，高度不超过 7 米。建筑色彩应与温州传统建筑的色彩协调，性质为居住或商业等公共建筑，铺地与街道小品（如标牌、路灯等）应体现传统的风貌特色。传统风貌协调区是为了协调重点保护区的风貌，体现历史文化环境和传统风貌特色所必须控制、协调的范围。在此区域内应控制建筑的高度、体量和色彩。解放北路历史文化保护区、五马街历史文化保护区的传统风貌协调区建筑控高为 4 层，高度不超过 12 米。江心屿历史文化保护区、海坛山历史文化保护区、华盖山历史文化保护区、积谷山历史文化保护区、松台山九山河历史文化保护区、郭公山历史文化保护区的传统风貌协调区建筑控高为 6 层，高度不超过 24 米。建筑内容应根据保护要求确定，对建筑色彩的主色调予以控制，功能以居住和商业娱乐等公共建筑为主，以取得良好的空间过渡景观。

历史文化保护区中的历史环境要素的保护方式为保存、维护，历史文化保护区中的非历史环境要素的整治方式为整修、改造。历史文化保护区应编制详细规划并进行科学论证，在保护区范围内的一切建筑活动均应由规划行政管理部门会同文物行政主管部门共同审批后才能进行。

城市山水格局的整体保护：

除了文物古迹、历史文化保护区范围之外，该规划还包括城市整体空间格局保护这一重要内容。必须采取整体性和综合性的措施，对城市整体空间格局和环境进行保护与控制：一方面对体现城市传统空间特色的要素进行保护，另一方面对影响城市风貌特色的新建因素实施控制与引导，从而达到保护与发展的整体协调。

城市格局是城市物质空间构成的宏观体现，是城市组成要素和城市风貌特色在宏观整体上的反映。保护和继承山水城市的格局，强化环古城山水绿化带及江心屿与城市结构的关系，强化道路和河道的走向、城市的主要建筑群位置以及外部空间。

温州市历史文化名城的城市格局整体保护重点为由积谷山历史文化保护区、华盖山历史文化保护区、海坛山历史文化保护区、郭公山历史文化保护区、松台山九山河历史文化保护区、江心屿历史文化保护区及小南门河、瓯江、滨江带、勤奋河、九山外河、花柳塘河构成的水乡城市、山水清远的格局，充分体现温州市历史文化名城山水古城的风貌特点，强调"一环、十线、八片"的保护。

城市整体保护重点保护自然山体、水体，以及城市水系和连接山体、水体的历史文化保护区，保护城墙遗迹等历史要素。保护城市与山水结构关系和空间特征，以及历史文化保护区与山水城市格局的有机关系。

山水格局绿化环开辟水上和陆上通道，作为旅游观光线路和历史内涵展示线路，安排历史文化和民俗民风展示内容，开辟多主题旅游观光和休闲活动，利用历史建筑或新建展示传统文化和历史的建筑，开设民俗博物馆、展示场、传统工艺学习所和演示场以及名人故居等，将这些串联成线，增加古城山水绿化环的内涵。

城市格局保护的整体应进行城市设计或编制保护性详细规划，对现有的建设项目提出建议，对新建项目提出规划控制指标和建设意见，并广泛征求意见，进行科学论证。

严格保护山体、水体、各文物古迹、历史遗迹，保护城市主要空间认知点及视廊空间。在此范围内新建建筑必须严格遵循保护要求，由城市规划主管部门会同文物主管部门进行视廊分析和空间景观分析，论证审查后才能进行。

传统商业的保护：保护整治五马街、解放北路等传统商业街区。传统民俗民风保护：岁时节庆清明行青、端午竞舟、庙台戏、祁神、闹元宵、拦街福等。传统戏曲和传统手工业保护：南戏、陶瓷业、瓯塑业、油伞业、草席业、竹箬业、瓯绣业、挑花业、黄杨木雕等。

（六）建筑高度控制和视廊保护

高度控制规划是在充分研究和分析古城传统特色和现状的基础上，考虑古城保护、利用和开发的综合要求，针对文物的保护、景点之间的呼应与统一、古城外部空间轮廓、特色风貌街区的保护以及古城外部空间环境的保护等，在分别制定上述各单项高度控制的基础上，结合现状建筑情况和用地规划，对以上各单项规划结果进行叠加，最终确定各个地块的建筑限高。

文物保护单位和文物点保护范围内严格控制原有高度，建设控制地带视其保护性质和内容（文物保护、风貌保护）以及周围具体现实情况，分别确定高度控制。

五马街历史文化保护区、解放北路历史文化保护区的重点保护区建筑高度控制为3层，建筑高度不超过10米，传统风貌协调区内建筑高度控制为4层，建筑高度不超过12米。

积谷山历史文化保护区、华盖山历史文化保护区、海坛山历史文化保护区、郭公山历史文化保护区、松台山九山河历史文化保护区、江心屿历史文化保护区的重点保护区建筑控制为2层，建筑高度不超过7米，传统风貌协调区内建筑控制为 6 层，建筑高度不超过 24 米。

古城区内总体控高 20 层，建筑高度不超过 60 米。

为保护并协调古城空间景观风貌，保持古城"山、屿、城、江"的空间层次，古城区范围内建筑高度控制为：严格控制五马街、公安路、鼓楼街、晏公殿巷、解放北路等特色街巷两侧建筑的高度为 3 层，总高度为 10 米，同时保证街巷两侧错落有致。

保护古城区临瓯江的空间轮廓线，控制江心双塔—山体—古城区之间的建筑高度，建筑高度由实验分析结果进行控制。

考虑古城开发建设的经济效益，在不违背上述原则的前提下，在与新城交接的部分地块内，建筑高度适当提高，但是必须作高度控制分析图，以保护温州历史文化名城的传统山水格局。

现有建筑不符合上述保护原则的，应分期进行降层或拆除，新建建筑应由城市规划行政主管部门进行高度控制的论证审批。

视线通廊内的建筑应以景观点可视范围的视线分析为依据，规定高度控制要求。视线通廊包括观景点与景观对象相互之间的通视空间及景观对象周围的环境。为保证空间视廊的畅通，建立文物景观点和自然景观点之间以及自然景观点和自然景观点之间的呼应关系，使古城与其自然环境互相协调并统一为一体，确定如下十条视廊起讫点：谯楼—江心双塔、谯楼—华盖山、谯楼沿公安路—五马街、江心双塔—信河街与江滨路口、江心西塔—郭公山、江心东塔—海坛山、郭公山—松台山九山河、海坛山—华盖山—积谷山、五马街—松台山、五马街—积谷山。视廊范围内的建筑高度由视线分析结果进行控制。

江心屿西塔—郭公山、江心屿东塔—海坛山视廊要求：自江心、郭公山和海坛山山顶至江心屿双塔之间，视线无遮挡，自山体顶可看到江心双塔全貌，自江边可观赏到郭公山和海坛山山体。

江心寺—信河街口、谯楼—江心双塔视廊要求：自信河街和百里路口至江心双塔间扇形面内，视线无遮挡；自谯楼平台至江心双塔间扇形面内视线无遮挡。

郭公山—松台山九山河，海坛山—华盖山—积谷山视廊要求：山体连线内不允许建造高耸建筑物，观赏性构成空间景观的构筑物可以在经过视廊分析论证后建造。

谯楼—华盖山视廊要求：自谯楼平台至华盖山山体间扇形面内视线无遮挡。

五马街—松台山、五马街—积谷山视廊要求：自解放北路、五马街口至积谷山、松台山山体间扇形面内视线无遮挡。

谯楼沿公安路—五马街视廊要求：沿公安街两侧各 30 米为传统建筑，新建建筑不超过 3 层，建筑高度不超过 10 米。轴线范围内视线无遮挡，可建成绿廊。

有碍视廊景观的高层建筑，应按照规划，分期逐步予以降层或拆除。

（七）保护规划实施管理措施

温州各级政府部门及相关职能部门负责温州历史文化名城保护工作，并把保护工作纳入国民经济和社会发展计划。城市规划行政主管部门和文物行政主管部门依据各自职责，负责历史文化名城的保护、管理和监督工作。建设、计划、土地、财政、环境保护、旅游、水利、交通、公安等部门，依据各自职责，共同做好历史文化名城的保护工作。任何单位和个人有权检举、控告和制止破坏、损坏历史文化名城的行为，鼓励公众参与历史文化名城的保护工作。在温州历史文化名城内的土地利用和各项建设必须符合保护规划的要求，重点保护区和传统风貌协调区内的国有土地使用权在出让前，应当征求城市规划行政主管部门和文物行政主管部门的意见，建设项目的选址及设计方案须先征得文物行政主管部门同意后报批。对温州历史文化名城的保护、管理等重大问题进行论证，提出意见，并协调、监督保护规划的实施。

利用经济性政策、行政性政策与法律性政策，利用经济杠杆协调平衡工作。历史文化保护区、历史街区、历史地段的保护是公益性行为，而非开发性行为。历史文化保护区保护的目的是保护世界性的、全人类所共有的历史文化遗产，保护整治的同时着重改善居住生活设施，提高居民生活质量。资金方面应采用多种模式，国家财政性拨款、地方财政性拨款、集体单位、社会赞助、居民筹款等，鼓励和支持社会捐助，开辟多种资金来源。针对居住人口密集的历史文化保护区的保护与整治，设立专门贷款，给整治房屋的户主，用于房屋的整治与维修。尽量考虑保留老住户，对私房居民，鼓励自己维修，政府进行补贴，对无力自修的居民，则考虑收购或置换房产，使人口外迁。设立保护资金，对保护工作有突出贡献的单位和个人进行奖励，对严重违反保护的有关部门规定的单位和个人进行处罚。

三、浙江省环境功能区规划

全面编制实施《环境功能区划》（以下简称《区划》），加强生态环境空间管制，是省委明确近期需重点突破的改革事项，也是科学布局生产空间、生活空间和生态空间的重要举措。自 2014 年 8 月，省政府召开浙江省《区划》编制工作 视频会议以来，各市、县（市、区）人民政府按照省政府的部署，全面开展市县《区划》编制工作。截至 2015 年 12 月，浙江省各市县《区划》全部编制完成，经当地政府组织的技术审查和省环保厅组织的省市对接审查，并分别通过当地政府、人大审议同意后，均已由各设区市政府上报省政府审批。2016 年 7 月，省政府以浙政函〔2016〕111 号文正式批复《浙江省环境功能区划》《环境功能区划》。

（一）《区划》编制背景

一是贯彻中央决策部署和环保部试点的需要。党的十八届三中全会把加快生态文明制度建设作为全面深化改革的重要内容，提出用制度保护生态环境。中共中央、国务院《关于加快推进生态文明建设的意见》明确提出，要健全空间规划体系，科学合理布局和整治生产空间、生活空间、生态空间。2012 年 8 月，环境保护部开展省级《区划》试点，浙江省成为首批 3 个试点省份之一。2015 年 7 月，环境保护部和国家发改委联合下发《关于贯彻实施国家主体功能区环境政策的若干意见》（环发〔2015〕92 号），也明确要求编制《区划》，实施分区差别化管理。

二是贯彻落实省委决定和省政府部署的需要。省委十三届四次全会明确，建立生态环境空间管制制度，编制浙江省环境功能区划，划定生态红线，并将其作为近期重点突破的改革事项之一。省委十三届五次全会进一步明确，到 2015 年，基本完成浙江省国土空间环境功能区布局。根据省委决定，2014 年 8 月，省政府专门召开《区划》编制工作视频会议，熊建平副省长出席会议并作重要讲话，全面部署开展市县《区划》编制工作。

三是构建浙江省生态环境空间管制机制的需要。改革开放 30 多年来，国土空间开发问题日益突出，集中表现在村村点火、户户冒烟，厂居混杂、布局杂乱，碎片化、无序化开发，生态环境空间被蚕食侵占现象普遍。改变这种格局，迫切需要编制实施《区划》，针对区域的环境资源禀赋，明确不同的环境功能定位、生态环境管控要求和建设项目环境准入门槛，从生态环境角度全面加强空间管制，有效整合生态环境空间资源，促进工业布局相对集中，实现国土空间开发格局的全面优化。

（二）划分四大原则

一是保护优先、优化发展。优先维护生态安全格局、人居环境健康、农产品环境安全。在此基础上，实施分区差别化管控措施，做到该禁止的坚决禁止，该限制的严格限制，可以开发的合理开发，保障人群环境健康和环境经济社会协调发展。

二是综合评估、科学定位。根据区域区位特点、环境功能基本特征和空间分异规律等自然属性，结合区域发展趋势、生态环境变迁和人类环境健康需求分析，科学确定区域环境的基本功能，划定环境功能分区。

三是突出主导、统筹兼顾。根据区域发展现状，突出区域的主导环境功能，统筹考虑其他非主导环境功能需求，制定区域的环境管理要求，确保主导环境功能不受其他功能的影响而改变，维护区域环境功能的延续性和完整性。

四是衔接协调、操作可行。将主体功能区、城乡建设、土地利用等区域空间管制规划和其他相关规划进行有机衔接、相互协调。《区划》的每个环境功能分区都要形成可操作、可落地的成果。

（三）《区划》框架总设计

《区划》是生态环境空间管制制度的基本依据，在区域生态环境管控方面要发挥基础性、约束性作用。《区划》要明确各区域的主导功能、保护目标、管控措施和负面清单，确保《区划》成果的可指导、可操作、可落地，最终形成浙江省"一个区划一张图"。《区划》分六类功能区，使用了更加直观、便于理解和应用的名称作为国家确定名称的备注名。具体见表 5-1 和图 5-2。

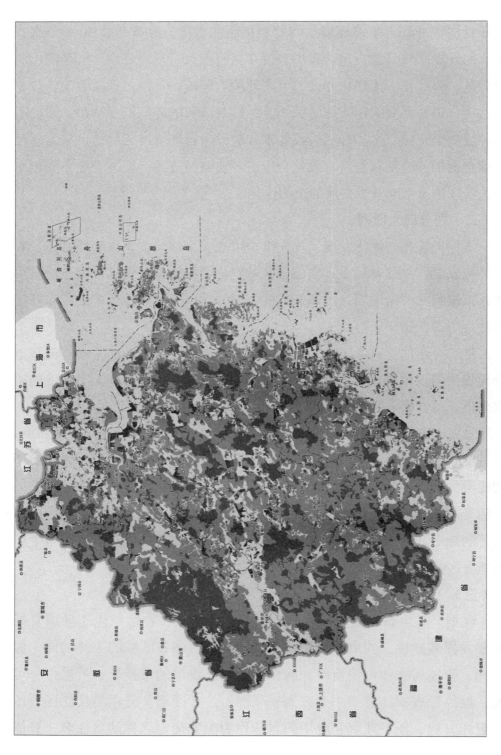

图 5-2　浙江省环境功能区划分图

表 5-1 环境功能区划分名称

国家环境功能区类型	国家环境功区亚类名称	浙江省功能区名称	衔接生态功能区规划
自然生态保留区	自然资源保留区	自然生态红线区	禁止准入区
生态功能保育区	水源涵养区	生态功能保障区	限制准入区
	水土保持区		
	生物多样性保护区		
农产品环境安全保障区	粮食与优势农作物环境安全保障区	农产品安全保区	
聚居环境维护区	环境优化区	人居环境保障区	
	环境控制区	环境优化准入区	优化准入区
		环境重点准入区	重点准入区
资源开发引导区		根据情况纳入环境限制准入区、环境优化准入区，或环境重点准入区	

（四）《区划》成果

浙江省 11 个设区市共编制 71 个市县《区划》，包括 11 个市区或主城区、5 个市辖区和 55 个县、市，共划定各类环境功能分区 2446 个，每个《区划》平均划定环境功能分区 34 个左右。其中，杭州市共划定环境功能分区 318 个，宁波市 278 个，温州市 343 个，湖州市 133 个，嘉兴市 177 个，绍兴市 243 个，金华市 262 个，衢州市 113 个，舟山市 87 个，台州市 264 个，丽水市 228 个。

各《区划》覆盖了浙江省陆域，总面积为 105457.8 平方千米，与国土总面积基本吻合。其中：自然生态红线区占国土空间的 20.41%，生态功能保障区占 45.45%，农产品安全保障区占 20.50%，人居环境保障区占 7.24%，环境优化准入区占 4.30%，环境重点准入区占 2.11%。各类功能区划分具体情况如下：

浙江省划定 704 个自然生态红线区。主要包括：依法设立的各级自然保护区、自然文化遗产、风景名胜区、森林公园、地质公园、湿地公园、海洋特别保护区等相关规划的保护范围；省政府 2015 年 6 月底批准的 297 个饮用水水源保护区（包括一、二级保护区），以及一些水源涵养、生物多样性保护等极重要的区域。

浙江省划定 370 个生态功能保障区。主要包括：浙江省各地河流中、上游的丘陵山地区及重要河口、港湾、岛屿、河湖滨岸带、绿色廊道等区域，其主要功能是维持水源涵养、水土保持、生物多样性等生态调节功能稳定发挥，保障区域生态安全。

根据省领导指示，专门要求各地把城区和平原的主要河流、湖泊、湿地周边 50~100 米 左右滨岸带划入生态功能保障区（带），提前划定河道绿廊建设区和城市绿道建设区，明确了"禁止新建民宅和一切工业项目，现有的应逐步退出"的管控措施。这样，既可改善区域生态和景观环境，也可以为今后保护和发展留下一定空间。

浙江省划定 178 个农产品安全保障区。主要包括：基本农田、园地、水产养殖水域。区划将一些不够集中连片、边界过于细碎和不规则的农田、园地区域在数量和范围上进行了优化整合，划入周边生态功能保障区或者人居环境保障区，尽量使其在布局上集中、连片，并且突出其主导功能，更好地体现生态空间的连片性。

浙江省划定 582 个人居环境保障区。主要包括：建制镇、街道和较大面积的规划商住区。结合乡镇建制改革趋势，从维护区域功能连片和突出主导功能的角度，将不属于城区街道和市级以上重点镇、中心镇、综合改革试点镇范围的乡镇，以及人口较少、周边为大面积生态功能保障区或农产品安全保障区的乡镇，并入上述保护要求相对更高的区块，不再单独划定人居环境保障区，进一步加强生态保护和促进人口集聚。

浙江省划定 473 个环境优化准入区。主要包括：开发比较成熟，并允许二类以上工业项目进入的各级工业园区和乡镇工业功能区或集聚点。要求除设区市以上政府批准的重点镇、中心镇或综合改革试点镇外，其他乡镇（无设区市以上政府批复文件且无明确四至范围的工业功能区、工业集聚平台和集聚点）不单独划定环境优化准入区。一些开发区的小块工业功能分区也尽量并入周边环境功能区中（但对已经批准的上市企业或大型企业的生产基地适当予以保留），以避免工业开发的碎片化，适当控制环境优化准入区的数量和面积。

按定点集中的原则，浙江省划定 139 个环境重点准入区。主要包括：15个省级产业集聚区的核心区及各工业功能区块，以及尚有较大开发空间，并且允许三类工业项目进入的省级以上工业园区。严格控制环境重点准入区划定范围，既是从源头控制重污染项目准入的重要关口，又是倒逼各地加快产业转型升级的重要手段，也是《区划》审查把关的重点。对现状不以三类工业为主，而且不是产业集聚区或省级以上产业园区的区块，以及现状虽然分布三类工业项目，但今后严格控制三类项目准入的区块，不再划定环境重点准入区（主要并入或改为环境优化准入区）。同时，对同意设立环境重点准入区的区域，也要用管控措施严格控制不符合产业转型升级方向和要求的新污染行业。例如，一个环境功能分区尽管允许三类工业准入，也要结合原有产业的集聚提升，对于该分区现状没有的污染行业，应不再允许准入。

第二节　工业园区规划

一、绿色工业园区建设

（一）着力启动省级绿色园区工厂创建，完善绿色制造推进体系

一是完善省级绿色园区、绿色工厂评价要求，开展第一批省级绿色园区、绿色工厂创建工作。结合浙江省实际，以省级工业园区、小微企业园、制造业特色小镇等制造业发展平台为重点，推进省级绿色园区建设。原则上，每个设区市创建绿色园区不少于 1 个。推动有条件的企业创建绿色工厂，把创建省级绿色园区与创建绿色工厂有机结合，每个创建的绿色园区必须有一定数量的绿色工厂。

二是认真贯彻落实工业和信息化部办公厅关于推荐第四批绿色制造名单的通知精神，积极组织本地区企业申报创建第四批国家绿色工厂、绿色设计产品、绿色园区、绿色供应链管理企业，通过对标达标，促进浙江省相关园区、企业向绿色制造方向发展。

（二）着力制造业绿色化改造，加快节能减排技术产业化

一是以"两高"行业为重点，推广应用一批经济与环境资源效益显著的绿色制造先进技术、工艺和装备，组织实施百项绿色制造技术改造重点示范项目，加快绿色先进技术的产业化应用，提高绿色制造水平。

二是组织推进工业企业节能诊断服务行动，重点对装备、纺织、食品等

行业企业实施节能诊断服务，加强对节能诊断服务过程的管理和结果应用。推进工业领域综合能源服务，引导和鼓励高效节能技术装备供应商、节能服务公司等第三方机构为重点用能单位提供综合能源服务。三是会同节能主管部门，贯彻落实《高耗能行业能效"领跑者"制度实施细则》，组织开展工业节能监察专项行动，确保完成工信部下达的目标任务。

（三）着力优化清洁生产审核，促进制造业生产绿色化

一是把清洁生产审核与绿色园区、绿色工厂创建有机结合，大力提高创建园区内企业清洁生产审核比例。原则上创建园区内强制性清洁生产审核企业必须全部通过审核；对开展清洁生产审核达到省级绿色工厂评价要求的，可推荐申报省级绿色工厂。

二是优化清洁生产审核方式和资金扶持方式，鼓励各地采用政府购买服务的方式组织第三方服务机构开展清洁生产审核，提升清洁生产审核效果和作用。

三是积极推进工业节水，推动火电、钢铁、纺织染整、造纸、石油炼制等五大高耗水行业企业开展节水型企业创建。

（四）着力提升制造业利用水平，促进资源循环利用

一是贯彻落实工信部再生资源和综合利用行业规范条件，会同有关部门积极推进废钢铁、废有色金属、废旧纺织品、废塑料、报废机动车等领域再生资源产业转型升级，组织申报国家工业资源综合利用基地建设。

二是组织实施《浙江省新能源汽车动力电池回收利用试点实施方案》，通过构建回收网络体系、建立梯次利用机制、规范再生利用条件等措施，探索建立浙江省动力蓄电池回收利用体系和产业发展模式。

三是制定发布《浙江省工业固体废物资源综合利用评价管理细则》（暂行），开展工业固体废物资源综合利用评价工作，推动落实综合利用税收优惠政策。

（五）着力探索制造业绿色发展途径，构建绿色制造体制

一是支持湖州市开展绿色制造发展区域评价试点，召开绿色发展大会，探索积累推进制造业绿色发展的经验。

二是研究制定浙江省加快推进制造业绿色发展的意见，构建推进浙江省

制造业绿色发展的长效机制。

　　各市经济和信息化局要根据浙江省绿色制造工程年度工作要点，结合自身实际，制定绿色制造年度推进工作方案，明确本地区绿色制造工作年度目标、重点任务。加强协调和指导，推进本地区绿色园区、绿色工厂的创建工作，加强对绿色制造体系建设的政策扶持力度，确保年度各项工作任务落实。

二、工业园区分布

表 5-2　　　　　　　　　　　　　浙江省产业及开发区分布情况

序号	名称	主导产业	主要园区	备注
1	杭州	文创、旅游休闲、金融服务、电子商务、信息软件、先进装备制造、物联网、生物医药、节能环保、新能源	杭州高新技术产业开发区、杭州经济技术开发区、萧山经济技术开发区、钱江经济开发区、建德经济开发区、临安经济开发区、淳安经济开发区、桐庐经济开发区、富阳经济开发区、余杭经济开发区	重点招商区域
2	温州	电器、泵阀、专用设备制造、汽摩配、制鞋、服装、印刷及包装、电子信息、仪器仪表、货币专用设备（金融机具）、船舶、家具、合成革、塑料制品、化工、钢压延及加工（不锈钢及制品）、眼镜、五金锁具、打火机	温州经济技术开发区、平阳经济开发区、瑞安经济开发区、瓯海经济开发区、乐清经济开发区	
3	绍兴	纺织，通用设备制造，纺织服装、鞋、帽制造，专用设备制造，电气机械及器材制造，通信设备、计算机及其他电子设备，医药制造，化学原料及化学制品制造，化学纤维制造，饮料	诸暨经济开发区、上虞经济开发区、嵊州经济开发区、绍兴柯桥经济开发区、绍兴经济开发区	重点招商区域
4	舟山	船舶修造、石油化工	岱山经济开发区、普陀经济开发区、舟山经济开发区	
5	台州	电力能源、汽摩配件、医药化工、家用电器、塑料模具、服装机械、水泵阀门、工艺美术、新兴材料、鞋帽服装	玉环大麦屿经济开发区、温岭经济开发区、临海经济开发区、黄岩经济开发区、台州经济开发区	
6	金华	机械（汽车及零部件产业）、建材、医药、纺织、化工、五金产业、小商品零售产业	永康经济开发区、东阳经济开发区、义乌经济开发区、武义经济开发区、兰溪经济开发区、浦江经济开发区、金西经济开发区、金东经济开发区、金华经济开发区	

续表

序号	名称	主导产业	主要园区	备注
7	嘉兴	服装、光机电、箱包、纸业、皮革、汽配	平湖经济开发区、海宁经济开发区、海盐经济开发区、桐乡经济开发区、嘉善经济开发区、乍浦经济开发区、嘉兴经济开发区	重点招商区域
8	宁波	电气机械及器材制造，石油加工及炼焦，机械工业、汽车配套产业、服装及其他纤维制品制造业，钢铁工业（不锈钢及有色金属冶炼、深加工），普通机械制造业，烟草加工	宁波高新技术产业开发区、宁波梅山保税港区、宁波保税区、宁波大榭开发区、宁波经济技术开发区、镇海经济开发区、象山经济开发区、宁海经济开发区、余姚经济开发区、奉化经济开发区	重点招商区域
9	丽水	化工产品、竹木制品、金属制品、通用设备、传统工艺品等产业	景宁经济开发区、青田经济开发区、丽水经济开发区	
10	衢州	氟硅化学品与新材料、金属制品深加工、矿山机械和风动机械、高档特种纸、单晶硅、输变电设备、新型干法水泥、高档汽车沙发革、非标圆锥轴承、特种钙产品、电光源等产业	开化工业园区、常山工业园区、龙游经济开发区、衢江经济开发区、江山经济开发区、衢江经济开发区、衢州高新技术园区	重点招商区域
11	湖州	生物医药、新能源、金属管道与不锈钢、装备制造、特色纺织品和木地板	德清经济开发区、安吉经济开发区、长兴经济开发区、南浔经济开发区、湖州经济开发区	

三、工业园区大气污染管理

浙江省以 100 个左右的园区为示范推进大气污染治理，提升浙江省工业园区、小微企业园大气污染治理水平。2019 年 6 月底前，园区完成"一园一策"废气治理方案编制；2019 年底前，园区完成年度废气治理任务；2020 年底前，园区全面完成废气治理任务，园区环境质量明显改善，涉气信访投诉大幅下降，臭气异味扰民现象显著减少。其中提道：鼓励有条件的园区根据不同情况分别建设集中喷涂工程中心，有机溶剂集中回收处置中心和活性炭脱附再生中心等三类园区治气基础设施。以及，小微企业园区废气治理有镀、酸洗、涂装等环境影响大的工序，鼓励建设共享车间、共享排污设施。

工业园区是浙江省块状经济发展和产业集群升级的重要载体，也是工业大气污染治理的主战场，包括经济技术开发区、高新技术产业开发区、保税区、出口加工区、产业集聚区、工业集中区、小微企业园等类型。为改善区域环境空气质量，增强人民群众的蓝天幸福感，根据省政府印发的《浙江省打赢蓝天保卫战三年行动计划》和 2019 年省政府工作报告要求，加强省重点工业园区（以下简称园区）大气污染治理提出了以下意见。

（一）总体要求

以习近平新时代中国特色社会主义思想为指导，深入贯彻党的十九大和浙江省十四次党代会精神，努力践行习近平生态文明思想，以改善园区空气环境质量为核心，以打赢"蓝天保卫战"为载体，以循环化、生态化、清洁化发展为方向，以大气污染督察考核为抓手，通过严格准入、严格监管、严格治理等手段，倒逼园区产业升级、结构调整、布局优化，努力推进浙江工业园区大气污染防治工作走在全国前列，为高水平、高质量建设美丽浙江提供坚实保障。

根据园区主导产业类别和污染现状，以 100 个左右的园区为示范推进大气污染治理，提升浙江省工业园区、小微企业园大气污染治理水平。2019 年6 月底前，园区完成"一园一策"废气治理方案编制；2019 年底前，园区完成年度废气治理任务；2020 年底前，园区全面完成废气治理任务，园区环境质量明显改善，涉气信访投诉大幅下降，臭气异味扰民现象显著减少。

（二）工作任务

园区规划和建设应科学合理，强化"三线一单"（生态保护红线、环境质量底线、资源利用上线，生态环境准入清单）硬约束，健全园区生态环境空间管控体系。园区应制定并严格执行项目准入制度，从产业技术水平、资源能源利用效率、污染物排放、经济效益等方面设定准入指标，认真落实"规划环评＋环境标准"制度。禁止新增化工园区，对现有化工园区进行分类整合、改造提升、压减淘汰。优化调整工业园区的产业结构和布局，确保废气重点排放企业的空间布局符合规定要求，依法依规制定实施落后和过剩产能退出机制。积极推进园区循环化改造，促进园区规范发展和提质增效。

按照"一园一策"要求，园区管理机构应组织编制园区废气治理方案，认真分析园区大气污染防治现状，从园区布局、产业与能源结构、源头与过程控制、废气收集与处理、重点污染物减排、监督管理措施、配套基础设施等方面，提出治理对策和落实措施（可参照附件 3）。"十三五"期间，已开展过区域性废气治理的工业园区，可按原治理方案继续执行，并对照意见要求，针对薄弱环节提出改进对策，进一步提升废气治理整体水平。重点工业园区治理方案由各市审核汇总，于2019年6月底前报省大气办备案。

在化工、造纸、印染、制革等产业集聚和用热需求大的园区，完善集中供热设施和实现天然气管网全覆盖，2020年底前淘汰供热管网覆盖范围内的燃煤锅炉和散煤；存在多台分散生物质锅炉的，具备条件的可实施"拆小并大"。有条件的园区应当建设集中喷涂工程中心，配备高效治污设施，替代企业独立喷涂工序。合成革、涂层、包装印刷等大宗溶剂使用企业集聚的园区，可探索建设有机溶剂集中回收处置中心，提高有机溶剂回收利用率。有需求的园区可探索建设活性炭脱附再生中心或离线式脱附装置，提高活性炭吸附装置的综合利用处理率。

排放废气、烟（粉）尘、臭气异味的园区企业，应按相关标准和规范的要求，从源头削减、过程控制、达标治理和日常运维等方面，提升企业废气治理水平，确保废气稳定达标排放。推进企业清洁生产，提升资源节约、环境友好型原辅材料和工艺装备的应用水平。涉气重点排污单位依法安装和使用大气污染物排放自动监测设备，特别是排气口高度超过45米的高架源和石化、化工、包装印刷、工业涂装等行业涉挥发性有机物（VOCs）的重点排污单位，于2019年底前完成安装和使用。

推进园区大气污染防治数字化转型，建立健全覆盖污染源和环境质量的园区大气自动监测监控体系，提升园区大气环境管控水平。2019年底完成70个园区、2020年6月底完成所有园区环境空气自动监测站建设。园区环境空气自动监测站应包括环境空气质量6因子，涉VOCs排放的园区应结合排放特征，配置VOCs自动监测设备，并与本地生态环境部门联网。探索采取走航监测等手段，对浙江省工业园区VOCs排放水平进行巡检。

园区管理机构应采取可行措施提升大气环境监管能力，通过政府购买第三方服务帮助企业改进治气对策，以及推动合同环境服务、绿色采购、绿色供应链管理、排污权交易、环境污染责任强制保险管理等工作，提升园区内企业的大气污染治理水平。石化化工园区应建立泄漏检测与修复（LDAR）管理平台，定期调度企业LDAR实施情况。各级生态环境部门应将园区作为执法监管重点，依法依规查处超标排放、不正常运行废气处理设施等违法行为。

在小微企业园的规划选址和建设发展过程中，明确小微企业入园的废气排放控制标准，为小微企业建设废气治理设施预留足够的空间和管廊条件。小微企业应按照行业废气治理要求，落实源头与过程控制措施，同步建设废气治理设施。电镀、酸洗、涂装等环境影响大的工序，鼓励建设共享车间、共享排污设施。

（三）保障措施

加强组织领导。各市、县（市、区）政府要将园区大气污染治理纳入蓝天保卫战重点工作，加强组织领导和指挥协调，落实政策措施，强化资金保障。园区管理机构要切实履行环境保护责任并对园区环境空气质量负责，制定和实施园区废气治理方案，完善园区污染治理基础设施，监督和指导企业开展废气治理行动，确保按期完成治理任务。

加强调度通报。建立园区废气治理工作专项调度制度，各市定期对园区废气治理进展情况进行调度，及时将调度情况报省大气办；对工作进度滞缓、治理成效不明显或未按要求完成治理任务的园区，约谈园区管理机构主要负责人。省大气办定期通报园区治理工作进展情况和已建成环境空气自动站的园区空气质量数据。

严格考核评估。园区废气治理工作纳入美丽浙江建设目标责任书和蓝天保卫战考核内容，省大气办将严格实施考核。完成废气治理工作任务的园区应及时自行评估，设区市政府负责组织核查，并将核查结果报省大气办，省大气办将组织力量进行抽查。评估、核查和抽查情况将向社会公开，接受社会监督。表5-3为重点工业园区名单。

表5-3　　　　　　　　　　　　重点工业园区名单

序号	设区市	园区（开发区）名称	主导产业
1	杭州	杭州市建德高新技术产业园	精细化工、生物医药、新材料、高端装备制造
2	萧山区	萧山经济技术开发区	机械电子、纺织服装、化工
3	杭州经济技术开发区	杭州经济技术开发区	装备制造、电子信息、生物医药、现代食品、新能源新材料
4	余杭区	杭州余杭经济技术开发区	装备制造业、纺织及服装产业、生物医药

续表

序号	设区市	园区（开发区）名称	主导产业
5	余杭区	余杭经济技术开发区（钱江经济开发区）	装备制造业、纺织及服装产业、生物医药
6	桐庐县	浙江省桐庐经济开发区	电子信息、健康医疗、新能源新材料
7	富阳区	富阳经济技术开发区新登新区	有色金属冶炼和压延加工、生物医药
8	临安区	浙江临安经济开发区（青山湖科技城）	装备制造、新材料
9	大江东产业集聚区	杭州大江东产业集聚区	装备制造、汽车、新能源
10	大江东产业集聚区	杭州大江东产业集聚区（临江国家高新区）	装备制造、汽车、新能源
11	宁波	宁波望春工业园区	电子信息、新材料新能源、品牌服装
12	江北区	慈城高新园	膜
13	镇海区	宁波石化经济技术开发区	石化、化工、电镀
14	北仑区	宁波经济技术开发区台塑台化园区	化工
15	北仑区	宁波经济技术开发区宁钢生产	钢铁
16	鄞州区	鄞州工业园区	电子信息、新材料、机械制造
17	奉化区	奉化经济开发区滨海新区	新材料、新能源、智能装备制造
18	余姚市	余姚市经济开发区远东工业城	模具、小家电、汽车配件
19	余姚市	浙江余姚工业园区起步区（东泠江路，晋涵路，迎霞北路，辉桥路封闭区域）	塑料产品、模具机械加工
20	慈溪市	慈溪滨海经济开发区科创园	新材料
21	慈溪市	慈溪高新技术产业开发区	先进装备制造（关键基础件）
22	宁海县	浙江宁波南部滨海经济开发区	汽车制造、新材料、生物医药
23	杭州湾	宁波杭州湾经济技术开发区国际汽车产业园	汽车及零配件制造
24	大榭开发区	大榭开发区	石化化工
25	保税区	宁波保税区（出口加工区）	液晶光电、计算机、电子信息
26	温州	鹿城鞋都产业园区	制鞋、鞋服
27	龙湾区	温州高新技术产业开发区（浙南科技城）	合成革、化工
28	瓯海区	浙江瓯海经济开发区	鞋革、服装、眼镜
29	瓯江口产业集聚区	温州瓯江口产业集聚区	智能制造、现代商贸服务
30	经开区	温州浙南沿海先进装备产业集聚区	装备制造、汽车配件、鞋服
31	乐清市	浙江乐清经济开发区	电器机械器材、包装印刷、仪器仪表
32	乐清市	乐清市环保产业园区	金属表面处理

续表

序号	设区市	园区（开发区）名称	主导产业
33	瑞安市	浙江瑞安经济开发区	机械电子、高分子材料、汽摩配件
34	永嘉县	永嘉工业园区	泵阀、鞋服
35	平阳县	浙江平阳经济开发区	金属制品加工、包装印刷
36	苍南县	浙江苍南工业园区	机械电子、印刷包装
37	湖州	长兴经济技术开发区	新能源汽车及关键零部件、高端装备制造、生物医药
38	长兴县	湖州南太湖产业集聚区长兴分区	高端装备制造、电子信息
39	长兴县	湖州省际承接产业转移示范区（泗安、林城区块）	高端装备制造、电子信息、生物医药
40	长兴县	长兴新能源装备高新技术产业园	新型电池、电子信息、新材料
41	安吉县	湖州市省际承接转移示范区	装备制造、化工
42	德清县	湖州莫干山高新区城北高新园	生物医药、装备制造、绿色家居
43	南浔区	南浔经济技术开发区	印染、木业、电机
44	吴兴区	湖州吴兴经济开发区（织里片区）	新材料、装备制造、纺织
45	嘉兴	大桥工业园区	汽车零部件、通信电子、化工新材料
46	嘉兴	秀洲区	油车港镇（与嘉善天凝镇交界区域）
47	嘉善县	嘉善经济技术开发区	家具、电子、制造等
48	平湖市	浙江独山港经济开发区	化工、五金电气、服装
49	海盐县	海盐经济开发区（与港区交界区域）	装备制造、新材料、电子电器
50	海宁市	海宁高新技术产业园区	电子信息、装备制造
51	桐乡市	桐乡市经济开发区	化纤、纺织、非金属矿物制品
52	经开区	嘉兴经济技术开发区城北区域	汽车零配件
53	嘉兴港区	乍浦经济开发区	化工
54	绍兴	绍兴柯桥经济开发区（马鞍镇区块）	纺织印染、化工
55	柯桥区	绍兴市柯桥经济技术开发区（齐贤镇区块）	化纤、印染后整理
56	柯桥区	绍兴市柯桥经济技术开发区	化纤、印染后整理
57	上虞区	杭州湾上虞经济开发区	化工、新材料、汽车及零部件
58	诸暨市	浙江诸暨经济开发区	机械、纺织、环保设备
59	嵊州市	嵊州城北工业区	纺织印染、化工
60	新昌县	新昌高新技术产业园区	装备制造、生物医药
61	越城区	绍兴袍江经济技术开发区	纺织、新材料、生物医药
62	金华	金华市高新技术产业园区	装备制造、高新产业、物流

序号	设区市	园区（开发区）名称	主导产业
63	兰溪市	兰溪经济开发区	新型纺织、天然药物、新材料
64	义乌市	义乌市经济开发区	纺织服装、服饰业、纺织业、文教、工美、体育和娱乐用品制造业
65	义乌市	浙江义乌工业园区（一期）	信息光电、智能制造、时尚服饰
66	东阳市	浙江东阳横店电子产业园区	红木、电子
67	东阳市	浙江东阳经济开发区	商贸、服装
68	永康市	永康市经济开发区	车业、门业、杯业
69	浦江县	浦江经济开发区	五金机械、水晶加工、纺织
70	武义县	浙江武义县经济开发区百花山—温州工业城工业功能区	五金工具、防盗门、汽摩配
71	磐安县	浙江磐安工业园区	塑料制品、汽摩配
72	开发区	金华新兴产业集聚区金西分区	通用设备、纺织、化工
73	衢州	衢州高新技术产业园区	化工
74	柯城区	航埠镇工业功能区	机械、建材、家具
75	衢江区	衢江经济开发区	造纸、机械加工
76	龙游县	浙江龙游经济开发区	机械、造纸
77	江山市	浙江江山经济开发区	化工、机械、新材料
78	常山县	衢州绿色产业集聚区常山片区	农机、机械、新材料
79	开化县	浙江开化工业园区	单晶硅、机械、电子
80	舟山	舟山国际粮油产业园区	粮油加工
81	定海区	海洋产业集聚区	机械
82	岱山县	绿色石化基地	石化
83	台州	黄岩江口医化园区	医药、电镀
84	椒江区	浙江台州化学原料药产业园区椒江区块	医药、化工
85	临海市	浙江台州化学原料药产业园区临海区块	医药化工、合成革
86	临海市	临海杜桥眼镜区块	眼镜（涂装）
87	温岭市	温岭市经济开发区	装备制造、汽车摩托车配件、金属制品
88	仙居县	仙居现代工业园区	医药化工
89	玉环市	玉环市科技产业功能区	家具、阀门
90	三门县	三门沿海工业城	机电、洁具、合成革
91	天台县	天台县洪三橡胶工业功能区	橡胶制品
92	开发区	台州经济开发区滨海工业园区	电器机械及器材、塑料制品
93	丽水	丽水工业园区	机械精加工

序号	设区市	园区（开发区）名称	主导产业
94	丽水市本级	丽水经济技术开发区	装备制造、生物医药大健康和生态合成革
95	青田县	青田经济开发区	电镀产业
96	缙云县	缙云经济开发区	机械装配、汽摩配、运动休闲、电子电器
97	缙云县	浙江丽缙五金科技产业园	高端装备、电子精密仪器
98	遂昌县	遂昌县工业园区	金属制品、精细化工、竹制品
99	松阳县	松阳工业园区	塑料制品、黑色金属冶炼压延加工、茶产品
100	云和县	浙江云和工业园区	木制玩具、轴承及压延铸造
101	庆元县	庆元工业园区	竹木制品、农副产品加工、文具
102	龙泉市	浙江龙泉经济开发区	汽车零配件、农林产品加工

四、绿色低碳工业园区建设

2022 年 3 月 22 日，浙江省经济和信息化厅、浙江省发展和改革委员会、浙江省科学技术厅、浙江省生态环境厅、浙江省商务厅联合发出"关于加快推进绿色低碳工业园区建设工作的通知"，具体内容如下：

（一）工作目标

到 2025 年，具备条件的省级以上园区（包括经济技术开发区、经济开发区、高新技术产业开发区等各类产业园区）全部开展绿色低碳循环改造，实现园区的能源、水、土地等资源利用效率大幅提升，二氧化碳、废水以及固体废物产生量大幅降低，大气污染物排放控制水平明显提升。建成省级绿色低碳工业园区 50 个，基本形成促进工业园区绿色低碳发展的长效机制。

（二）主要任务

1.促进能源高效清洁利用

组织开展工业企业节能诊断服务，推进节能降碳技术改造，推动企业产品结构、生产工艺、技术装备优化升级，推进能源梯级利用和余热余压回收利用。支持企业建设光伏、光热、地源热泵和智能微电网，适用时可采用风能、生物质能等，提高可再生能源使用比例。

2. 推进资源节约集约循环利用

推进水资源循环利用，提高工业用水重复利用和中水回用，提高水资源产出率。以"亩均论英雄"评价为导向，推动企业提高单位面积土地资源产出率。树立"无废城市"理念，引导企业加强工业固体废物源头减量和综合利用，充分回收利用余热资源、废气资源和可再生资源。

3. 加快基础设施建设提升

加强工业废水、废气、废渣等污染物集中治理设施建设及升级改造，深化"污水零直排区"建设。新建建筑应按照 GB/T 50378、GB/T 50878 要求设计、建造和运营，减少建筑能源资源消耗。建设以节能或新能源公交车为主体的园区公共交通设施。

4. 推动产业结构优化升级

推进高碳产业绿色低碳转型，重点发展高新技术产业、节能环保和新能源等绿色产业，鼓励发展信息技术服务、咨询服务、节能与环保服务和生产性支持服务等现代服务业，推动园区产业结构绿色化、低碳化。

5. 打造绿色低碳生态环境

全面推行工业固体废弃物无害化处理，推动开展减污降碳协同增效试点。园区重点企业全面推行清洁生产，鼓励企业采取低碳技术、环保技术措施，降低污染物排放强度和产废强度。加强园区空气、土壤和地下水环境质量监测，提高绿化覆盖率。规范落实重点园区和重点企业地下水污染风险管控要求。

6. 提升运行管理绿色智慧水平

结合园区产业基础，建立绿色低碳工业园区标准体系。重视规划引领，每 5 年编制一次绿色低碳工业园区发展规划。建立能耗在线监测管理平台、环境监测管理平台，定期对监测数据进行分析和提出持续改善措施。创建局域网定期发布绿色低碳发展相关信息。

（三）组织实施

1. 健全推进机制

（1）健全领导机制。省经信厅会同有关部门负责全省绿色低碳工业园区建设统筹部署和组织协调，推动创建国家级、省级绿色低碳工业园区。经济技术开发区、经济开发区、高新区等园区管委会要落实主体责任，建立绿色低碳工业园区建设工作推进机制。

（2）完善指标体系。迭代完善《浙江省绿色低碳工业园区建设评价导则》，健全绿色低碳工业园区评价标准体系，强化标准的引领作用。

（3）强化考核力度。适时修订《浙江省开发区综合评价办法》《浙江省高新技术产业开发区（园区）评价办法》等管理办法，将绿色低碳工业园区建设、园区循环化改造工作和相关指标纳入经开区、高新区等综合发展水平评价体系进行重点考核。

（4）加强宣传引导。鼓励园区和园区内企业按年度发布绿色低碳发展报告。积极总结和推广典型标杆经验，召开全省绿色低碳工业园区建设推进会。

2. 加大政策支持

（1）加强资金配置倾斜。支持绿色低碳工业园区内符合条件的项目争取国家重点领域节能降碳专项、省级重点节能减碳技术改造资金支持。扩大绿色信贷投放，支持金融机构落实技术改造融资无还本续贷、中长期贷款等政策。

（2）加强要素支撑。推动各地将土地、能耗指标优先用于绿色低碳工业园区发展低碳新兴产业和节能降碳技术改造项目。

（3）完善招商政策。推动绿色低碳工业园区成为招商引资主阵地，创新招商方式，将重大项目招引要素资源向绿色低碳工业园区倾斜。

（4）强化科技政策。优先支持绿色低碳工业园区内符合条件的企业申请重大科技专项、科技成果转移转化基地等。

（5）提升成果运用。将绿色低碳工业园区建设作为生态文明示范、全域"无废城市"等创建工作的重要内容。将绿色低碳工业园区建设纳入各部门推荐申报国家级经开区、高新区的重要条件。把绿色低碳工业园区重点建设项目优先列入重大项目审批绿色通道。

3. 加强督促指导

（1）深化指导服务。加强对辖区内新区、经开区、高新区等各类开发区建设绿色低碳工业园区的指导和服务。支持园区依托第三方服务机构扎实开展环境基础设施运营、污染排放监管、合同能源管理、环境绩效审核和园区企业社会责任评估。

（2）加强动态管理。不定期组织开展绿色低碳工业园区建设情况的现场核查工作，定期开展园区建设评价复查，对不再符合省级绿色低碳工业园区和工厂要求的，特别是存在弄虚作假、瞒报重大安全事故、环境污染等问题的，将按照有关规定予以撤销认定。

第三节　重点流域生态规划

重点流域内各设区市政府是实施流域水污染防治专项规划的责任主体，要切实加强本行政区域水污染防治工作的组织领导，将相关规划目标、任务分解落实到各有关县（市、区）政府，并纳入国民经济和社会发展规划，认真组织实施。为加快实施重点流域水污染防治规划，进一步落实水污染防治责任，切实改善水环境质量，根据《中华人民共和国水污染防治法》《浙江省水污染防治条例》等法律法规有关规定和《国务院办公厅关于转发环境保护部等部门重点流域水污染防治专项规划实施情况考核暂行办法的通知》（国办发〔2009〕38号）精神，结合浙江省实际，制定相关办法。

一、浙江重点流域生态现状

2018年浙江地表水省控断面Ⅰ—Ⅲ类水质比例为84.6%，无劣Ⅴ类水质断面，空气质量在长三角区域率先达标，浙江省生态环境质量公众满意度连续7年提升。2019年浙江开展生态省建设总结评估和美丽浙江建设规划纲要编制，系统总结15年来生态省建设历程、经验和模式；在此基础上，科学编制美丽浙江建设规划纲要，明确今后一个时期全面建成美丽浙江的总体思路和目标任务。

（一）四个硬仗治理流域生态

2019年，浙江要重点打好治气治水治土治废四个硬仗：在打好治气硬仗方面，推进四大结构调整，实施100个工业园区、1000个VOCs治理项目、10000家涉气"散乱污"企业整治；在打好治水硬仗方面，深化"五水共治"，推进"污水零直排区"建设和城镇污水处理厂清洁排放改造；在打好治土硬仗方面，实现五类重金属污染物排放量较 2013 年削减 8% 以上；在打好治废硬仗方面，今年基本补齐危废利用处置能力缺口，加快实现"危险废物不出市"。

夯实监管支撑，加强基础能力建设亦是打好污染防治攻坚战和美丽浙江建设的重要保障。目前浙江正在抓紧建设生态环保综合协同管理工作平台。今年的目标是完成生态环保综合协同管理工作平台 1.0 版全部系统建设，并实现省市县三级全面贯通、全面使用。预计到 2020 年，浙江省将通过迭代升级，完成现有环境信息化系统与生态环保综合协同管理工作平台融合，实现环保业务"网上办""掌上办"，为生态环境"互联网 + 政务服务""互联网 + 监管"提供有力支撑。

（二）数据说明

2018 年浙江省地表水省控断面Ⅰ—Ⅲ类水质比例达 84.6%，比 2017 年上升 1.8 个百分点，无劣Ⅴ类水质断面。设区城市 PM2.5 平均浓度为 34 微克/米^3，同比下降 5 微克/米^3；日空气质量优良天数比例达 85.3%，同比上升 2.6 个百分点。空气质量在长三角区域率先达标。

完成重点行业废气清洁排放改造项目 100 个、工业废气治理项目 1075 个、涉气"散乱污"企业整治 5500 家。完成 32 个工业园区、210 个生活小区"污水零直排区"建设，推进城镇污水处理厂清洁排放技术改造。启动 41 个重点污染地块修复工程、50 个垃圾填埋场生态修复和 10 个农田重金属治理项目。浙江省新增危险废物利用处置能力达 46.8 万吨/年，初步形成焚烧、填埋、水泥窑协同处置等多种方式并举的综合处置体系。

截至 2018 年底，浙江省 46 项整改任务已完成 27 项；交办的 6920 件信访件整改完成率达 99.6%。对宁波、金华、台州市开展省级环保督察。浙江省共查处环境违法案件 15113 件、行政拘留 402 人、刑事拘留 556 人，环境信访投诉同比下降 16.3%。在全国率先实现省市县三级生态环境部门与公检法机关联络机构全覆盖。

（三）治理目标

生态环境是"易碎品"，污染容易治理难，稍不注意，就会反弹。拿治水来说，"尽管浙江的'五水共治'在全国先行一步，已经取得了明显成效，但治水永远在路上，只能加强不能放松。"方敏回答记者提问时说道。浙江将实施"美丽河湖十大提升行动"，例如百姓很关注的饮用水水源保护，对千岛湖等 20 个重点湖库编制好生态环境保护方案，还将完成农村饮用水达标提标攻坚战，410 万农村居民的饮用水达标提标有望实现。

治气硬仗有个小目标。2018 年浙江空气质量在长三角区域已率先达标，2019 年力争浙江省 PM2.5 平均浓度稳定达到二级标准。为此，浙江省将实施 100 个工业园区、1000 个 VOCs 治理项目、10000 家涉气"散乱污"企业整治，加快 35 蒸吨/时以下燃煤锅炉淘汰和改造，推进老旧柴油车治理淘汰。

在治土和治废两场硬仗上，将完成 15 个重点污染地块治理修复。浙江省五类重金属污染物排放量较 2013 年削减 8% 以上。2019 年基本补齐危废利用处置能力缺口，加快实现"危险废物不出市"。

治气治水治土治废，一个都不能少，让蓝天白云绿水青山成为常态。这是 2018 年省委、省政府印发的《关于高标准打好污染防治攻坚战高质量建设美丽浙江的意见》中提出的明确目标。到 2035 年，浙江省生态环境面貌实现根本性改观，生态环境质量大幅提升，蓝天白云绿水青山成为常态。

二、重点流域生态治理规划

浙江是"绿水青山就是金山银山"理念的发源地和率先实践地，生态环保工作走在前列，生态环境质量持续改善，经济社会和生态环境协调健康发展，"千村示范、万村整治"工程更是于 2018 年获得联合国地球卫士奖。因此，浙江承办 2019 年世界环境日主题活动，具有十分特殊的意义，有利于在国际社会宣传推介习近平生态文明思想和"两山"理念在浙江的实践成果，推进与联合国环境署的战略合作，向世界展现生态文明建设的中国方案、浙江样本。浙江省将修订出台《浙江省重污染天气应急预案》，据悉，这是 5 年前推出的试行版的升级版，提高了预警的分级标准，应急预案的措施中新增重污染天气应急减排项目清单，以及企事业单位应急响应操作的方案，区域应急将按照长三角区域的预警信息进行联动。

（一）推进老旧柴油车治理淘汰

治气方面，实施 100 个工业园区、1000 个 VOCs 治理项目、10000 家涉气"散乱污"企业整治，加快 35 蒸吨 / 时以下燃煤锅炉淘汰和改造，推进老旧柴油车治理淘汰。力争浙江省 PM2.5 平均浓度稳定达到二级标准（35 微克 / 米^3），继续保持在全国重点区域的领先位置。 柴油货车污染治理攻坚战，是污染防治攻坚战七大标志性战役之一，浙江省生态环境厅编制了符合省情的行动计划，已报省政府办公厅，将于近期印发。重点内容是抓好清洁柴油车、清洁柴油机、清洁运输、清洁油品四大"清洁行动"。将首次对车辆生产、进口和销售环节提出主要车型车系抽检率超过 80% 的要求。在 2019 年底前，各市要划定禁止使用高排放非道路移动机械区域。

（二）入海排污口实现在线监测全覆盖

浙江这几年一直不遗余力地在治水。目标是力争地表水省控断面达到或优于Ⅲ类水质断面比例达到 83%，县级以上集中式饮用水水源达标率达到 95%。大花园核心区和重点生态功能区 29 个出境断面水质全部达标，其他地区 116 个出境断面Ⅳ类以下水质比例控制在 4% 以内。 对千岛湖等 20 个省级以上重点湖库，编制实施良好湖泊生态保护方案，逐步推行入湖河流水质在线监测。建立健全城乡饮用水水源地"一源一策"管理机制，大力推进农村饮用水达标提标行动，完成涉及农村 410 万人的饮用水达标提标建设任务。

完成 30 个工业园区"污水零直排区"建设，钱塘江流域率先基本完成省级工业园区"污水零直排区"建设，新增 800 个城镇生活小区'污水零直排区'建设。入海排污口加强清理整治，实现在线监测全覆盖，虽然剿灭了劣 V 类水，但是还是继续巩固这一成果，对水质波动反复或考核不达标的断面实施"一点一策"治理。完成中小流域综合治理 500 千米，建设美丽河湖 100 条（个），完成清淤 2500 万立方米，逐步建立平原河网地区河湖库塘轮疏机制。

（三）城镇易涝积水点加快改造

全年完成整治 100 处以上，建设雨水管网 500 千米以上，改造雨污分流管网 350 千米以上，清淤排水管网 16000 千米以上，增加应急设备 2 万立方米 / 时。考虑到水质问题可能会反复，浙江将进行督查督导发现问题的整改"回头看"，对屡次指出未整改的问题，通报批评或挂牌督办，地方政府及其相关部门有关负责人还将被约谈。

三、"十四五"重要水体水生态环境保护方案

浙江省发展改革委、省生态环境厅关于印发《浙江省水生态环境保护"十四五"规划》的通知（浙发改规划〔2021〕210号）中提出了重要水体水生态环境保护方案。

（一）钱塘江流域

"十三五"期间，钱塘江流域部分地区污水处理能力存在短板，农业面源污染面大量广，化工园区环境风险防控能力仍需进一步加强，上游生态流量保障不足，源头地区水源涵养能力有待进一步提升，水生生物种群数量降低趋势未得到有效遏制。

"十四五"期间，钱塘江流域重点实施污水处理提质增效行动、农业面源污染治理、水生态保护与修复、生物多样性保护等任务。到2025年，地表水省控断面达到或优于Ⅲ类水质比例达到100%，衢州市出境断面水质达到或优于Ⅱ类，农业农村污染得到有效控制，全面建成城镇"污水零直排区"，重要河湖生态流量达标率达到95%以上，流域内水生态系统逐渐恢复，实现河湖水域不萎缩、功能不衰减、生态不退化。

专栏 1

钱塘江流域"十四五"期间水生态环境保护重点任务

1. 污水处理提质增效。补齐杭州、金华等地污水处理能力短板，加快推进城镇生活污水处理厂清洁排放改造。建设江山市江东园区等污水处理厂。

2. 农业面源污染治理。优化农业空间布局，严格执行禁限养区制度，推进"肥药两制"改革，推进农田氮磷生态拦截沟渠系统建设，发展现代化生态循环农业，开展农业废弃物资源化利用。

3. 生态流量保障。实施流域内河湖生态流量保障方案，开展小水电生态化改造，研究建立生态流量监测预警和信息发布机制，加快重要控制断面生态流量监测站点建设。

4. 水生态保护与修复工程。完成钱塘江源头区域山水林田湖草生态保护修复工程试点。开展湖南镇水库、浦阳江生态缓冲带修复和阳陂湖、汾口武强溪生态湿地建设等生态保护修复工程，实施增殖放流，保护水生生物多样性。

（二）瓯江流域

"十三五"期间，瓯江流域部分城镇和工业园区污水处理能力还存在缺口，"污水零直排区"建设整体水平不高；电镀、不锈钢等行业治理仍需进一步加强；饮用水水源地规范化建设水平仍需提升，"千吨万人"饮用水水源地保护仍需加强；瓯江上游水电站众多，部分区域生态流量保障不足。

"十四五"期间，瓯江流域重点实施"污水零直排区"建设质量提升、饮用水水源保护、河湖生态流量保障、水生态保护与修复等任务。到 2025 年，地表水省控断面达到或优于Ⅲ类水质比例达到 100%，丽水市出境断面水质达到或优于Ⅱ类，城市污水处理率达到 97% 以上，强化重要河湖水域岸线监管，水生态功能逐步提升。

专栏 2

瓯江流域"十四五"期间水生态环境保护重点任务

1. "污水零直排区"建设。深化推进瓯江流域城镇"污水零直排区"和工业园区（工业集聚区）"污水零直排区"建设，开展已建"污水零直排区""回头看"工作，提升建设质量，巩固建设成果。完成城镇污水处理厂清洁排放提升改造。

2. 饮用水水源保护。强化饮用水水源规范化建设，加强"千吨万人"饮用水水源地保护；加强泽雅水库等重要饮用水水源地周边污染治理，深化污染源解析及水华预警机制研究。

3. 生态流量保障。加快流域内泽雅水库、仰义水库等水利工程生态流量保障目标确定，完善生态流量泄放设施建设，加强生态流量监控。

4. 水生态修复工程。推进瓯江源头区域山水林田湖草沙一体化保护和修复工程，黄村水库、潜明水库、松阴溪、龙泉溪等河湖生态缓冲带修复，龙湖坑等人工湿地建设，实施景宁县小溪流域、莲都区宣平溪流域等河道综合治理工程。

（三）甬江流域

"十三五"期间，甬江流域基础设施仍存在短板，工业园区（工业集聚区）"污水零直排区"建设仍需加强，城区、园区周边部分水体水质仍然较差，流域化肥单位面积施用量全省最高，水系流动性不足，自净能力差，水质不稳定。

"十四五"期间，甬江流域全面推进"污水零直排区"建设，加强城镇和农村环境基础设施建设，推进农业面源污染治理，开展河湖生态缓冲带修复，合理调度并优化水资源配置。到2025年，地表水省控断面达到或优于Ⅲ类水质比例达到100%，农业面源污染持续削减，河湖生态缓冲带修复初见成效，生态流量基本得到保障。

专栏3

甬江流域"十四五"期间水生态环境保护重点任务

1. "污水零直排区"建设。深化推进甬江流域"污水零直排区"建设，积极解决污水处理厂及市政管网建设滞后的问题，进一步改善城区、园区周边河道水质。

2. 农业面源污染治理。推行"肥药两制"改革，降低农药、化肥施用强度，推广农田氮磷生态拦截沟渠建设，实行生态净化塘和人工湿地技术。

3. 河湖生态缓冲带修复。推进岸线生态化改造，积极开展河湖生态缓冲带修复及生态护坡改建工程，建立生态修复试点，提升河岸植被覆盖度。

4. 生态流量保障。实施河道清淤、清障，提升水系连通性，优化水利工程调度，保障生态流量。

（四）曹娥江流域

"十三五"期间，曹娥江流域个别区域"污水零直排区"建设和入河排污（水）口管理仍存在盲点，部分饮用水水源保护区规范化建设不到位。

"十四五"期间，曹娥江流域重点深化重污染行业治理，提升"污水零直排区"建设质量，开展入河排污（水）口规范化建设，推进饮用水水源地安全保障工程，实施水生态保护与修复。到 2025 年，曹娥江地表水省控断面达到或优于Ⅲ类水质比例达到 100%，污染治理水平明显提升，治水成果得到全面巩固，饮用水水源安全得到保障。

专栏 4

曹娥江流域"十四五"期间水生态环境保护重点任务

1. "污水零直排区"建设。高标准完成城镇"污水零直排区"建设，新建或改造污水管网，创新设立"污水零直排区"长效运维综合评价指标体系，建立完善市政排水管网地理信息系统（GIS）。深化柯桥区的印染行业，上虞区和嵊州市的化工行业，嵊州市的造纸行业等污染治理。

2. 入河排污（水）口规范化建设。优化调整入河湖排污（水）口布局，加强入河排污（水）口设置、管理，对管理范围内的入河排污（水）口建立档案和统计制度。

3. 饮用水源地安全保障工程。开展饮用水水源地安全保障达标建设和检查评估，加强重要饮用水源地水质、水量监测，加快推进水库生态扩容工程以及新增水源地建设工作。

4. 水生态保护与修复。实施"三江六岸"治理修复工程，积极推动水生生物增殖放流，保护水生生物生境。

（五）椒江流域

"十三五"期间，椒江流域"污水零直排区"建设质量不高，医化行业污染较为突出，饮用水水源周边生活和农业面源污染负荷高，部分河道生态流量无法保障，部分区域岸线受侵占，生态系统安全性和稳定性较差，上下游协同治理机制有待完善。

"十四五"期间，椒江流域主要加强城镇污水处理能力、工业园区污水处理能力及管网建设，实施医化行业综合整治及风险防控预警建设，全面推进"污水零直排区"建设，持续开展水生态保护修复，实施引水调水、中水回用工程，健全生态流量监测和保障机制。到 2025 年，椒江地表水省控断面达到或优于Ⅲ类水质比例达到 100%，医化行业污水得到有效收集处理，河道基本生态用水需求得到保障，水生态系统逐步恢复。

专栏5

椒江流域"十四五"期间水生态环境保护重点任务

1. 医化行业综合整治。对医化企业污水处理设施提升改造，实施医化企业污水管网架空改造、初期雨水收集等，提升临海医化园区、仙居现代医化园区、椒江外沙岩头医化园区等"污水零直排区"建设质量。

2. 城镇"污水零直排区"建设。开展"污水零直排区"建设"回头看"，提升所有镇级（含）以上生活小区、其他类"污水零直排区"建设质量。

3. 水生态保护修复。建设水下森林、人工湿地、农田氮磷生态拦截沟渠系统等恢复河道生态系统，重点推进椒江、长潭水库、牛头山水库生态缓冲带修复，推进临海红杉林湿地等人工湿地建设。完成椒江岸线违法侵占项目的整治。

4. 水资源优化调度。开展强排、引水调水工程，鼓励再生水循环利用，连通水系、补水活水，满足区域内用水需求。

（六）飞云江流域

"十三五"期间，飞云江流域"污水零直排区"建设质量不高，截污纳管不彻底，部分农污处理终端运行效率低，农污工程未能达到预期的效果，珊溪（赵山渡）水库、泗溪等饮用水水源保护区规范化建设有待提升。

"十四五"期间，飞云江流域重点落实"污水零直排区"建设、农村生活污水治理、饮用水水源地保护、水生态保护与修复等任务。到 2025 年，飞云江流域地表水省控断面达到或优于Ⅲ类水质比例达到 100%，保持河流、湖泊、池塘、沟渠等各类水域水体洁净，确保水域不萎缩、功能不衰减、生态不退化。

专栏6

飞云江流域"十四五"期间水生态环境保护主要任务及工程

1."污水零直排区"建设。全面完成"污水零直排区"建设，开展已建"污水零直排区"建设成果"回头看"专项行动，进一步完善污水处理厂及配套管网建设。

2.农村生活污染治理。加快推进农村生活污水处理设施建设和提升改造，加大农村生活污水处理设施标准化运维力度。

3.饮用水水源地保护。开展珊溪（赵山渡）水库、泗溪等饮用水水源保护区规范化建设，实施农村饮水安全巩固提升工程。

4.水生态保护与修复。实施河湖水系综合治理，开展中塘河等生态缓冲带修复，文成城东污水处理厂深度处理湿地等人工湿地建设，开展飞云江水生态健康评价，开展水生生物增殖放流。

（七）鳌江流域

"十三五"期间，鳌江流域部分城镇污水处理厂满负荷运行，环保基础设施存在短板，电镀、卤制品等行业污染防治成果仍需巩固，水系连通性差，部分河道生态流量（水位）不足。

"十四五"期间，鳌江流域重点落实治水基础设施建设、涉水行业整治巩固提升、水生态保护与修复等任务。到2025年，鳌江流域水环境质量进一步提升。

专栏7

鳌江流域"十四五"期间水生态环境保护重点任务

1. 治水基础设施建设。着力加快鳌江流域重点城镇的污水管网及城镇污水处理厂建设,推进现有城镇污水处理厂处理设施提标改造及清洁排放技术改造;加强流域内农村生活污水处理设施建设和运营维护。

2. 涉水行业整治巩固提升。重点检查涉水企业污水处理设施达标排放、在线监控设施运行、排污口规范化建设等情况,严厉查处环境违法行为;建立流域内电镀、卤制品等重点涉水行业的定期排查制度,巩固治污成果。

3. 水生态保护与修复。严格河岸线空间管控,开展生态环境治理修复工程,推进实施南雁镇等生态缓冲带修复项目。

4. 实施肥药增效减量工程。实施主要农作物病虫害专业化统防统治21万亩以上,农药减量20吨以上,化肥施用强度较2020年下降2%,化肥利用率稳定在40%以上。

（八）苕溪流域

"十三五"期间,苕溪流域入湖河流断面受太湖蓝藻倒灌影响,水质较差,截污纳管和雨污分流不彻底,船舶污染治理工作存在薄弱环节,水生态修复措施未由点到面发挥效能,再生水利用率低。

"十四五"期间,苕溪流域重点加强蓝藻预警与防控,深化工业污染防治,加强"污水零直排区"建设,推动城镇基础设施改造提升,提高再生水利用率,推动农业面源污染防治,加强内河船舶港口污染防治,加强水域岸线保护和管理,持续深化流域水生态保护与修复。到2025年,苕溪流域地表水省控断面达到或优于Ⅲ类水质比例达到100%,水生态修复工作全面铺开,水域岸线保护管理得到加强,船舶航运污染治理水平得到提升。

专栏 8

苕溪流域"十四五"期间水生态环境保护重点任务

1. 蓝藻预警与防控。完善东苕溪流域蓝藻监测体系建设，加强区域间合作，提高流域预警预测能力支撑。

2. 工业污染防治。深入开展铅蓄电池、电镀、印染、化工等重污染行业环境污染专项整治，加强对工业污染源的监督监测，增加监测频次。

3. 城镇基础设施改造提升。推进城镇污水处理设施建设改造、污水管网建设、污泥处置设施建设和再生水利用设施建设。

4. 水生态保护与修复。开展东苕溪、妙西港、西山漾、汤溇等河湖生态缓冲带修复工程，金山污水处理厂、清源污水处理厂、小梅污水处理厂等尾水处理人工湿地建设，连点成面加强水生态保护修复。

5. 内河船舶港口污染防治。进一步完善船舶污染物存储设施配备，建立健全含油污水、垃圾接收、转运和处理机制，鼓励港区码头企业加强防污能力建设。

（九）京杭运河流域

"十三五"期间，京杭运河流域部分断面水质不稳定，城区、园区周边部分水体水质仍然较差，河道型饮用水源地保护难度大，城镇环保基础设施建设仍存在短板，农业面源污染面广量大，内河运输船舶污染监管难度大；区域内支流河浜流动性差，水体浑浊，水生态系统脆弱；存在水质型缺水问题，再生水利用率仍有较大提升空间。

"十四五"期间，京杭运河流域重点落实城镇污水处理效能提升、农业面源污染控制、内河船舶港口污染防治、饮用水水源保护、水生态保护与修复等任务。到 2025 年，京杭运河浙江段各省控以上断面交接断面水质稳定，满足功能区要求，县级以上饮用水水源地水质稳定达标，落实生态基流保障要求，水生态系统功能明显恢复，树立运河文化遗产保护与传承利用典范。

专栏9

京杭运河流域"十四五"期间水生态环境保护重点任务

1. 城镇污水处理效能提升。深查细查,提升"污水零直排区"建设水平。重点建设一批城镇生活污水处理厂和工业污水处理厂,补齐杭州、嘉兴污水处理能力短板,推进污水"分类收集、分质处理"模式。

2. 农业面源污染控制。"肥药两制"改革实现县域全覆盖,开展免费测土配方服务,优化农田氮磷生态拦截沟渠系统布局和建设。

3. 内河船舶港口污染防治。建立健全含油污水、垃圾接收、转运和处理机制,加强船舶污染监管,实现船舶水污染物接收转运处置全过程联单电子化。

4. 集中式饮用水水源保护。推进饮用水源地规范化建设,加强饮用水源地监管力度。

5. 水生态保护与修复。开展三堰店港、虹桥港、盛家湾、斜路港、菜花泾、陆斛浜、斜路港、仁天浜等河湖生态缓冲带修复,推进浙江海宁长水塘省级湿地公园、虹桥港、新开河人工湿地等人工湿地建设。

第六章 浙江省绿色绩效评价

第一节 绿色发展评价体系

一、绿色发展评价体系来源

资源环境生态问题是我国现代化进程中的瓶颈制约，也是全面建成小康社会的明显"短板"。党中央、国务院就推进生态文明建设做出一系列决策部署，提出了创新、协调、绿色、开放、共享的新发展理念，印发了《关于加快推进生态文明建设的意见》（中发〔2015〕12号）、《生态文明体制改革总体方案》（中发〔2015〕25号），"十三五"规划《纲要》进一步明确了资源环境约束性目标，增加了很多事关群众切身利益的环境质量指标。

生态文明建设的成效如何，党中央、国务院确定的重大目标任务有没有实现，老百姓在生态环境改善上有没有获得感，需要一把尺子来衡量、来检验。习近平总书记、李克强总理多次对生态文明建设目标评价考核工作提出明确要求，2016年中央将《办法》列入了改革工作要点和党内法规制定计划，说明这项工作十分重要，绿色体系的出台有以下三个意义：

一是有利于完善经济社会发展评价体系。把资源消耗、环境损害、生态效益等指标的情况反映出来，有利于加快构建经济社会发展评价体系，更加全面地衡量发展的质量和效益，特别是发展的绿色化水平。

二是有利于引导地方各级党委和政府形成正确的政绩观。实行生态文明建设目标评价考核，就是要进一步引导和督促地方各级党委和政府自觉推进生态文明建设，坚持"绿水青山就是金山银山"，在发展中保护、在保护中发展，改变"重发展、轻保护"或把发展与保护对立起来的倾向和现象。

三是有利于加快推动绿色发展和生态文明建设。实行生态文明建设目标评价考核，使之成为推进生态文明建设的重要约束和导向，可加快推动中央决策部署落实和各项政策措施落地，为确保实现 2020 年生态文明建设的战略目标提供重要的制度保障。

二、评价体系构建指导思想

在建设生态文明的长期过程中，科学合理的绿色发展指数的明确会为全社会评价地方绿色发展阶段明晰标准。国家统计局、国家发改委、环境保护部、中央组织部会同有关部门共同发布了我国各地区的绿色发展指数。这是我国官方首次发布绿色发展指数，意义堪称重大。对此，外界舆论给予了一致性认可评价，认为科学、合理、公正、权威的绿色发展指数是绿色发展评价体系的重要组成部分，对完善我国生态文明建设国家治理体系、推动全国上下进一步明确生态文明建设方向以及谋求绿色转型发展而言，无疑像助推剂一样带来良性作用。

生态文明建设的提出与我国寻求经济结构调整和转型发展不期而遇，又逢世界经济调整期，我国经济走向新常态的发展阶段。值得一提的是，我国经济进入新常态，经济发展方式要从过去粗放的、追求数量的增长向质量效益型增长转变，当前，环境问题已成全面建成小康社会之短板，必须在供给侧结构性改革中补齐，加大治理力度，推动绿色发展取得新突破。治理污染、保护环境，事关人民群众健康和可持续发展，必须强力推进，下决心走出一条经济发展与环境改善双赢之路。

决策层早已明确提出的既定方向，围绕对生态环境的保护，以及建设美丽中国等一系列目标要求，势必需要从制度机制上营造出有利于地方遵循的发展路径，其中，在摒弃唯 GDP 论的考核评价体系之余，首次提出绿色发展指数，势必能为地方提升实现绿色发展积极性带来积极作用。当然，这一过程注定是长期的，但正如党的十九大报告所指出的，"建设生态文明是中华民族永续发展的千年大计。必须坚持节约资源和保护环境的基本国策，实行最严格的生态环境保护制度"。

据了解，此次绿色发展指数是遵照党中央和国务院指示精神，在研究和总结国内外绿色发展和可持续发展等相关理论和实践成果的基础上，结合中国经济增长和环保的现实，开展的《绿色发展指标体系》和《绿色发展指数计算方法》研制和 2016 年绿色发展指数测评工作，其指标体系的特点是：既强调把绿色与发展结合起来的内涵，强调了资源、生态、环境、生产与生活等多方面，更突出了各地区的绿色发展的测评与比较。

标准体系能够科学涵盖经济社会的绿色发展水平，有助于地方不断改进政策措施，继而持续提升我国生态环境总体向好的态势。当前，我国生态环境的总体形势距离生态文明建设提出到 2020 年资源节约型和环境友好型社会建设取得重大进展、主体功能区布局基本形成、经济发展质量和效益显著提高、生态文明主流价值观在全社会得到推行、生态文明建设水平与全面建成小康社会目标相适应的主要目标仍有差距，而官方编制和公布的绿色发展指数，其目的就是为了服务于构建政府为主导、企业为主体、社会组织和公众共同参与的生态文明建设体系，共同为富民强国做贡献。正如党的十九大报告所提出的，建设生态文明是中华民族永续发展的千年大计，绿色发展与生态文明建设一样，同样应属千年大计，功在当代利在千秋。因此，值得呼吁的是，全社会应秉承我国首次发布的绿色发展指数契机，用好科学评价工具，坚定不移地推进生态文明建设，推动美丽中国建设不断向前迈进。

三、绿色发展评价体系内容

绿色发展指标体系，包含考核目标体系中的主要目标，增加有关措施性、过程性的指标，指标体系总共分为两级指标，一级指标中包括资源利用、环境治理、环境质量、生态保护、增长质量、绿色生活、公众满意程度等 7 个方面，二级指标中共包括有 56 项评价指标，测算方法采用综合指数法测算生成绿色发展指数，衡量地方每年生态文明建设的动态进展，侧重于工作引导。年度评价按照《绿色发展指标体系》实施，主要评估各地区生态文明建设进展的总体情况，引导各地区落实生态文明建设相关工作，每年开展一次。其中具体的绿色发展指标体系测算如下表 6-1：

表 6-1　　　　　　　　　　　　　　　　绿色发展指标体系

一级指标	序号	二级指标	计量单位	指标类型	权数（%）	数据来源
一、资源利用（权数=29.3%）	1	能源消费总量	万吨标准煤	◆	1.83	省统计局、省发改委、省能源局
	2	单位 GDP 能源消耗降低	%	★	2.75	省统计局、省发改委、省能源局
	3	单位 GDP 二氧化碳排放降低	%	★	2.75	省发改委、省统计局
	4	可再生能源生产量	万千瓦时	★	2.75	省能源局、省统计局
	5	用水总量	亿立方米	◆	1.83	省水利厅
	6	万元 GDP 用水量下降	%	★	2.75	省水利厅、省统计局
	7	单位工业增加值用水量降低率	%	◆	1.83	省水利厅、省统计局
	8	农田灌溉水有效利用系数		◆	1.83	省水利厅
	9	耕地保有量	万亩	★	2.75	省国土资源厅
	10	新增建设用地规模	万亩	★	2.75	省国土资源厅
	11	单位 GDP 建设用地面积降低率	%	◆	1.83	省国土资源厅、省统计局
	12	资源产出率	万元、吨	◆	1.83	省统计局、省发改委
	13	一般工业固体废物综合利用率	%	△	0.92	省环保厅
	14	农作物秸秆综合利用率	%	△	0.92	省农业厅
	15	化学需氧量排放总量减少	%	★	2.75	省环保厅
二、环境治理（权数=20.2%）	16	氨氮排放总量减少	%	★	2.75	省环保厅
	17	二氧化碳排放总量减少	%	★	2.75	省环保厅
	18	氮氧化物排放总量减少	%	★	2.75	省环保厅
	19	危险废物处置利用率	%	△	0.92	省环保厅
	20	生活垃圾无害化处理率	%	◆	1.83	省建设厅

续表

一级指标	序号	二级指标	计量单位	指标类型	权数（%）	数据来源
二、环境治理（权数=20.2%）	21	污水集中处理率	%	◆	1.83	省建设厅
	22	环境污染治理投资占GDP比重	%	△	0.92	省环保厅、省建设厅、省统计局
	23	农村生活垃圾减量化资源化无害化处理建制村覆盖率	%	◆	1.83	省农办
	24	城镇生活垃圾增长率	%	◆	1.83	省建设厅
三、环境质量（权数=19.3%）	25	空气质量优良天数比率	%	★	2.75	省环保厅
	26	细颗粒物（PM2.5）浓度降低率	%	★	2.75	省环保厅
	27	地表水达到或好于Ⅲ类水体比例	%	★	2.75	省环保厅、省水利厅
	28	地表水劣Ⅴ类水体比例	%	★	2.75	省环保厅、省水利厅
	29	重要江河湖泊水功能区水质达标率	%	◆	1.83	省水利厅
	30	县级及以上城市集中式饮用水水源地水质达标率	%	◆	1.83	省环保厅、省水利厅
	31	近岸海域水质优良（一、二类）比例	%	◆	1.83	省海洋与渔业局、省环保厅
	32	受污染耕地安全利用率	%	△	0.92	省农业厅
	33	单位耕地面积化肥使用量	千克/公顷	△	0.92	省地方统计调查局
	34	单位耕地面积农药使用量	千克/公顷	△	0.92	省地方统计调查局
四、生态保护（权数=12.8%）	35	森林覆盖率	%	★	2.75	省林业厅
	36	森林蓄积量（林木蓄积量）	万立方米	★	2.75	省林业厅
	37	自然岸线保有率（大陆自然岸线保有长度）	%（千米）	◆	1.83	省海洋与渔业局

续表

一级指标	序号	二级指标	计量单位	指标类型	权数（%）	数据来源
四、生态保护（权数=12.8%）	38	湿地保护率	%	◆	1.83	省林业厅、省海洋与渔业局
	39	陆域自然保护区面积	公顷	△	0.92	省环保厅、省林业厅、省国土资源厅
	40	海洋保护区面积	公顷	△	0.92	省海洋与渔业局
	41	新增水土流失治理面积	公顷	△	0.92	省水利厅
	42	新增矿山恢复治理面积	公顷	△	0.92	省国土资源厅
	43	人均GDP增长率	%	◆	1.83	省统计局
	44	居民人均可支配收入	元/人	◆	1.83	国家统计局浙江调查总队、省统计局
五、增长质量（权数=9.2%）	45	第三产业增加值占GDP比率	%	◆	1.83	省统计局
	46	战略性新兴产业增加值占GDP比重	%	◆	1.83	省统计局
	47	研究与实验发展经费支出占GDP比重	%	◆	1.83	省统计局
	48	公共机构人均能耗降低率	%	△	0.92	省机关事务管理局
	49	绿色产品市场占有率（高效节能产品市场占有率）	%	△	0.92	省发改委、省经信委、省质检局
	50	新能源汽车保有量增长率	%	◆	1.83	省公安厅
六、绿色生活（权数=9.2%）	51	绿色出行（城镇每万人口公共交通客运量）	万人次/万人	△	0.92	省交通运输厅、省统计局
	52	城镇绿色建筑占新建建筑比重	%	△	0.92	省建设厅
	53	县级以上城市建成区绿地率	%	△	0.92	省建设厅
	54	农村自来水普及率	%	◆	1.83	省水利厅
	55	农村无害化卫生厕所普及率	%	△	0.92	省卫生计生委

一级指标	序号	二级指标	计量单位	指标类型	权数（%）	数据来源
七、公众满意程度	56	公众对生态环境质量满意程度	%			省统计局等有关部门

注：

（1）标★的为国家及浙江省《国民经济和社会发展第十三个五年规划纲要》确定的资源环境约束性指标（其中：可再生能源生产量作为非化石能源占一次能源消费比重的替代指标）；标◆的为国家及浙江省《国民经济和社会发展第十三个五年规划纲要》（中共中央、国务院关于加快推进生态文明建设的意见）和（"811"美丽浙江建设行动方案）等提出的主要监测评价指标；标△的为其他绿色发展重要检测指标，根据其重要程度，按总权数为100%，三类指标的权数指标以3：2：1计算，标★的指标权数为2.75%，标◆的指标权数为1.83%，标△的指标权数为0.92%，6个一级指标的权数分别由其所包含的二级指标权数汇总生成。

（2）绿色发展指标体系采用综合指数法进行测算，"十三五"期间，以2015年为基期，结合"十三五"规划纲要和相关部门规划目标，测算浙江省及各市、县（市、区）绿色发展指数和资源利用指数、环境治理指数、环境质量指数、生态保护指数、增长质量指数、绿色生活指数6个分类指数。绿色发展指数由除"公众满意程度"之外的55个指标个体指数加权平均计算而成。

计算公式为：

$$Z = \sum_{i=1}^{N} W_i Y_i (N = 1,2\cdots,5)$$

其中，Z 为绿色发展指数，Y_i 为个体指数，N 为指标个数，W_i 为指标 Y_i 的权数，绿色发展指标按评价作用分为正向和逆向指标，按指标数据性质分为绝对数和相对数指标，需对各个指标进行无量纲化处理。具体处理方法是将绝对数指标转化成相对数指标，将逆向指标转化为正向指标，将总量控制指标转化成年度增长控制指标，然后再计算个体指标。

（3）公众满意程度为主管调查指标，通过浙江省统计局组织的抽样调查来反映对生态环境的满意程度，调查采取分层多阶段抽样调查方法，通过采用计算机辅助电话调查系统，随机地抽取城镇和乡村居民进行电话访问，根据调查结果综合计算浙江省及各市、县（市、区）的公众满意程度，该指标不参与总指数计算，进行单独评价与分析，其分值纳入生态文明建设考核目标体系。

（4）省负责对个市、县（市、区）的生态文明建设进行监测评价，对有些地区没有的地域性指标相关指标不参与总指数计算，期权数平均分摊至其他指标，体现差异化。

（5）绿色发展指数所需数量来自各地区、各部门负责按时提供数据，并对数据质量负责。

第二节 绿色发展绩效评价关键指标解读

从构成绿色发展指数的6项分类指数结果来看，资源利用指数排名前5位的地区分别为福建、江苏、吉林、湖北、浙江；环境治理指数排名前5位的地区分别为北京、河北、上海、浙江、山东；环境质量指数排名前5位的地区分别为海南、西藏、福建、广西、云南；生态保护指数排名前5

位的地区分别为重庆、云南、四川、西藏、福建；增长质量指数排名前 5 位的地区分别为北京、上海、浙江、江苏、天津；绿色生活指数排名前 5 位的地区分别为北京、上海、江苏、山西、浙江。

浙江以"八八战略"为总纲，一张蓝图绘到底，积极推进绿色发展，在生态文明建设上先行先试，从"千村示范、万村整治"到建设美丽乡村和推进万村景区化建设，从"三改一拆、五水共治"到整治小城镇环境和谋划"大花园"建设。这场遍及浙江省的绿色革命，正加速重构天更蓝、地更绿、水更净的美好家园，努力奔向"绿富美"，迈入绿色发展新时代。

一、浙江绿色发展指数位居全国前列

根据《生态文明建设目标评价考核办法》规定，国家统计局与浙江省统计局分别联合四部门发布了 2016 年生态文明建设年度评价结果公报。浙江绿色发展指数位居全国第三位，仅次于北京和福建。杭州、金华、丽水位居浙江省设区市前三位。

增长质量指数居全国第三位。"增长质量"主要从经济增速、效率、效益、结构和动力等方面反映经济发展的质量，以体现绿色与发展的协调统一。从全国看，2016 年增长质量指数列前五位的分别是北京、上海、浙江、江苏、天津。浙江战略性新兴产业增加值占地区生产总值比重、第三产业增加值占地区生产总值比重、居民人均可支配收入等指标均列全国前十位。

环境治理指数居全国第四位。"环境治理"重点反映主要污染物、危险废物、生活垃圾和污水的治理以及污染治理投资等情况。从全国看，2016 年，环境治理指数列前五位的分别是北京、河北、上海、浙江、山东。浙江化学需氧量排放量降低率、氨氮排放量降低率、二氧化硫排放量降低率、氮氧化物排放量降低率均完成国家下达的目标任务，生活垃圾无害化处理率为 99.97%，城市污水处理率为 93.2%，90% 的村实现生活污水有效治理，86% 的村实现生活垃圾有效处理。垃圾分类做法在全国推广。

资源利用指数居全国第五位。"资源利用"重点反映能源、水资源、建设用地的总量与强度双控要求和资源利用效率，目的是引导地区提高资源节约集约循环使用，提高资源使用效益，减少排放。从全国看，2016 年，资源利用指数列前五位的分别是福建、江苏、吉林、湖北、浙江。2016 年浙江淘汰落后和严重过剩产能企业2000多家，杭钢集团半山钢铁基地顺利关停，单位GDP能耗降至0.44吨标准煤/万元，是能源利用水平最高的省份之一；单位GDP用水量约为39立方米/万元，是水资源集约利用水平最好的省份之一。

绿色生活指数居全国第五位。"绿色生活"重点从公共机构、绿色产品推广使用、绿色出行、建筑、绿地、农村自来水和卫生厕所等方面反映绿色生活方式的转变以及生活环境的改善，体现绿色生活方式的倡导引领作用。从全国看，2016年，绿色生活指数列前五位的分别是北京、上海、江苏、山西、浙江。浙江城镇绿色建筑占新建建筑比重、农村自来水普及率、农村卫生厕所普及率、公共机构人均能耗降低率等均居全国前列。

环境质量指数居全国第十二位。"环境质量"重点反映大气、水、土壤和海洋的环境质量状况。从全国看，2016年，环境质量指数列前五位的分别是海南、西藏、福建、广西、云南，浙江居第十二位。高水平全面建成小康社会，生态环境质量是关键，浙江提出"确保不把违法建筑、污泥浊水、脏乱差环境带入全面小康"，全面剿灭劣Ⅴ类水，彰显出浙江决心。地表水劣Ⅴ类水体比例、地表水达到或好于Ⅲ类水体比例等位居全国前列，其他指标基本处于中等水平。

生态保护指数居全国第十六位。"生态保护"重点反映森林、草原、湿地、海洋、自然岸线、自然保护区、水土流失、土地沙化和矿山恢复等生态系统的保护与治理。从全国看，2016年，生态保护指数列前五位的分别是重庆、云南、四川、西藏、福建，浙江位居第十六位。浙江除森林覆盖率、海洋保护区面积增长率等指标位居前列外，大部分指标处于中等略靠后位次。从浙江省区域看，生态保护指数列浙江省前十位的县（市、区）中，平均森林覆盖率达到80.2%，森林蓄积量为4.71亿立方米，新增水土流失治理面积为274.8万公顷。

二、部分指标变化缓慢和区域间不够平衡

从生态文明建设评价结果看，浙江位居全国前列，基本反映绿色发展相对较高的状况，但也存有"短板"，主要体现在部分进展性指标变化不够明显、

部分指标区域之间不够平衡等方面。同样，从浙江省分区域情况看，排名前列的地区综合反映绿色发展的程度相对较高，但也有各自的"短板"需要力补，排名居后的地区也有部分领先的指标，应当扬长补短。

从浙江省看，反映现有水平的指标位次相对领先，反映进展和变化类指标排位相对靠后。55 个指标中，反映绿色发展现有水平的指标包括设区市以上城市空气质量优良天数比率、重要江河湖泊水功能区水质达标率、森林覆盖率等 37 个指标，绝大多数指标浙江在全国排位靠前；反映绿色发展进展和变化情况的指标包括人均 GDP 增长率、单位 GDP 能耗降低率、细颗粒物（PM2.5）未达标地级及以上城市浓度降低率等共 18 个，这类指标进入全国前 10 位的相对较少，主要是浙江绿色发展总体水平较高，基数相对较好，继续改进和变化的难度相对较大。分区域看，部分领域指标区域间差距过大不够平衡。按照评价指标数值排在前十位的县（市、区）和后十位的平均值对比分析，发现部分指标区域间差距过大。

三、积极引导各地加快推动绿色发展

《生态文明建设目标评价考核办法》要求，生态文明建设目标评价考核工作采取年度评价和五年考核相结合的方式，五年考核重在约束，年度评价重在引导。通过衡量过去一年各地区生态文明建设的年度进展总体情况的年度评价，发挥好"指示器"和"风向标"作用，扬长补短，积极引导各地区加快推动绿色发展，落实生态文明建设相关工作。

引领从资源、环境、生态、增长质量、生活方式等全方位共同发力，实现协调发展。建设生态文明，是一场涉及生产方式、生活方式、思维方式和价值观念的重大变革。绿色发展不仅仅体现为对生态的保护、对环境的整治，更是一种思想、一个理念、一种生活方式。通过 6 个分类指数分析比较在生态文明建设各个重点领域中取得的成绩和存在的问题。对于具有优势的领域要巩固和保持，对于需要改进和提高的领域要深入总结、分析研究，提出有针对性的解决措施并加以落实，补齐绿色发展短板，从资源、环境、生态、增长质量、生活方式等全方位共同发力，实现协调发展。

引领各地区齐头并进，补齐区域性短板，实现全面发展。党的十九大作出了加快生态文明体制改革、建设美丽中国的战略部署，"绿水青山就是金山银山"正在成为社会广泛的共识，但绿色发展不平衡不充分还客观存在，特别是6个分类指数和55个评价指标对比排名最后的市、县（市、区），更需要进一步解放思想，摒弃传统思维，真正把绿色发展理念贯穿、渗透到经济社会发展的方方面面，把绿色发展理念落到实处，并化为脚踏实地的行动，认认真真地抓，扎扎实实地干，努力通过环境治理倒逼产业转型升级，通过发展方式之变根治环境问题，实现生态文明建设、经济效益、生态效益、社会效益的有机统一，更好地推动人的全面发展。

第三节　典型区域绿色发展绩效评价

一、浙江省绿色发展评价结果

根据中共浙江省委办公厅、浙江省人民政府办公厅印发的《浙江省生态文明建设目标评价考核办法》和省发展改革委、省统计局、省环保厅、省委组织部印发的《浙江省绿色发展指标体系》《浙江省生态文明建设考核目标体系》要求，现将2017年浙江省各市、县（市、区）生态文明建设年度评价结果公布如下（表6-2）：

表6-2　　　　　　　2017年浙江省设区市生态文明建设年度评价结果

地 区	绿色发展指数	资源利用指数	环境治理指数	环境质量指数	生态保护指数	增长质量指数	绿色生活指数
杭州市	80.67	80.50	78.87	87.79	77.57	76.56	79.46
宁波市	79.01	80.16	77.01	85.15	74.21	73.32	79.27
温州市	79.48	80.73	76.49	87.37	75.06	73.50	77.67
嘉兴市	77.69	80.87	77.35	78.90	68.86	73.89	79.19
湖州市	80.16	82.03	77.27	88.66	74.10	72.70	79.12
绍兴市	79.16	79.35	78.12	87.65	73.42	73.35	77.40
金华市	79.67	79.89	78.22	89.88	74.62	70.81	77.62
衢州市	78.76	80.75	74.94	90.33	74.41	68.34	74.41
舟山市	78.95	80.15	73.52	87.64	73.66	74.82	78.72

续表

地 区	绿色发展指数	资源利用指数	环境治理指数	环境质量指数	生态保护指数	增长质量指数	绿色生活指数
台州市	79.50	80.49	77.57	88.13	75.11	71.25	76.87
丽水市	79.24	80.64	75.70	91.57	77.41	67.78	72.73

附注:

（1）生态文明建设年度评价按照《绿色发展指标体系》实施，绿色发展指数采用综合指数法进行测算。绿色发展指标体系包括资源利用、环境治理、环境质量、生态保护、增长质量、绿色生活、公众满意程度等7个方面，共56项评价指标。其中，前6个方面的55项评价指标纳入绿色发展指数的计算；公众满意程度调查结果进行单独评价与分析。

（2）对2017年各地均暂缺数据的指标，为体现公平性，其权数不变，指标的个体指数值赋为最低值60，参与指数计算。对有些地区没有的地域性指标，相关指标不参与绿色发展指数计算，其权数按比例分摊至其他指标，体现差异化。此外，部分地区由于确实不涉及相关工作而导致数据缺失的指标，经相关负责部门认定后，参照地域性指标进行处理。对于部分区级行政区域缺失的指标按两种方法处理：一是市区或市本级数据能相对准确反映各区实际情况的，经相关负责部门认定后，用市区或市本级数据替代；二是不适合用市区或市本级数据替代，相关指标不参与总指数计算，其权数按比例平均分摊至其他指标，体现差异化。

（3）部分地区生态保护指数若为"—"，意味着该地区因地理、资源等条件所限该大类所有指标均空缺，不计算该大类指数，其权重按比例分配至其他指标，不影响总指数计算。

（4）分地区绿色发展指数计算时，市、县（市、区）作为一个整体参与评价，体现同一计算标准和计算方法，排序时，设区市和各县（市、区）分别独立排序。

（5）指数计算结果保留两位小数，当两地区保留两位小数后数值一致时，以实际指数值决定排序，即视小数点后几位数值大小决定排序。

（6）公报由浙江省统计局会同有关部门负责解释。

二、杭州市绿色发展绩效评价

2017年度杭州市环境治理指数、环境质量指数、生态保护指数、增长质量指数和绿色生活指数均有较大幅度的改善，特别是环境治理指数从2016年度的第十位上升到2017年度的第一位。此外，在2017年度县（市、区）生态文明建设年度评价结果前十名中，杭州市独占四席，西湖区、滨江区、余杭区和富阳区均榜上有名。杭州市将继续深化推进生态文明建设，坚持生态优先绿色发展，高标准建设美丽乡村、美丽田园、美丽河湖、美丽园区、美丽城市，坚决打好污染防治攻坚战，确保杭州生态文明建设各项工作继续走在前列。见表6–3。

表 6-3   2017 年杭州市地区绿色发展评价结果

地区	绿色发展指数	资源利用指数	环境治理指数	环境质量指数	生态保护指数	增长质量指数	绿色生活指数
西湖区	82.91	82.77	80.26	88.31	78.13	84.35	82.57
滨江区	82.69	84.04	80.36	85.93	69.45	94.45	75.77
余杭区	81.96	83.26	80.60	89.43	71.20	77.06	83.18
富阳区	80.99	79.63	82.44	90.25	74.14	72.05	81.89
桐庐县	80.84	81.23	79.78	90.72	74.90	70.84	79.72
建德市	80.61	79.42	76.63	93.61	75.29	68.96	85.96
江干区	80.37	81.58	80.27	88.58	67.14	78.33	75.60
下城区	80.09	82.47	80.36	79.78	–	82.64	75.20
临安区	79.81	78.95	79.16	91.85	77.15	72.13	71.96
上城区	79.70	80.55	79.27	87.78	–	74.95	75.14
拱墅区	79.62	81.25	80.35	79.78	69.99	84.83	75.49
萧山区	79.09	78.77	79.81	85.64	68.44	73.28	83.71
淳安县	78.00	78.50	72.99	89.20	76.95	66.60	78.67

改革开放的 40 年，是杭州生态文明意识不断增强、环境治理大力推进的 40 年；是杭州环境污染和生态破坏得以修复、人居环境逐步优化的 40 年；是杭州"绿水青山就是金山银山"绿色发展观从形成到践行的 40 年。杭州市坐拥好山好水，西湖、运河"双世遗"在怀，一江春水、两岸青山连绵而来。"既要绿水青山，也要金山银山"，杭州誓用"绿色"绘就人民幸福生活的生态原色，实力担当起"生态文明之都"和"美丽中国样本"。

数十年来，杭州始终坚持走生态优先、环境立市、绿色发展之路，将生态文明建设融入经济、政治、文化、社会建设各方面和全过程，护美绿水青山，做大金山银山，结出丰硕成果。如今，联合国人居奖、国际花园城市、全国绿化模范城市、全国环境综合整治优秀城市等称号都已花落杭州。2016 年 8 月，杭州还通过国家级生态市创建考核验收，成为中国省会城市中首个国家生态市。

生态创建遍地开花，杭州全面推进生态文明建设，着力改善生态环境质量，加强"环境立市""生态立市"，牢固树立生态红线观念，强化空间、总量、项目"三位一体"的环境准入制度，坚持人与自然和谐共生。全市红线管控面积占比达 33.2%，西部生态安全屏障区建设成效明显。临安区成为全国生态文明示范区，江干区、西湖区、萧山区、余杭区、富阳区、桐庐县、淳安县等先后建成省级生态文明示范区，实现杭州市省级创建"满堂红"。多年来，杭州全力推进国家生态文明城市、国家低碳城市和国家节能减排财政政策综合示范城市三大试点，杭州已建成 8 个国家生态县（市、区），119 个国家生态乡镇、135 个省级生态乡镇，绿色生态文明已在杭州遍地开花。

节能减排实现转型，杭州把节能减排作为实践科学发展观的重要举措，陆续出台了一系列节能减排政策，以生态优先、环境先行倒逼经济转型升级。坚定淘汰一批落后产能和高能耗企业，出台"无燃煤区"三年行动方案，率先在全国成为无钢铁生产企业、无燃煤火电机组、无黄标车的"三无"城市。2017 年，杭州市单位 GDP 能耗为 0.35 吨标准煤 / 万元，比 2005 年下降 0.52 吨标准煤 / 万元。"十一五"期间，万元 GDP 能耗下降 20.6%，COD、SO_2 排放削减率在 15% 以上；"十二五"期间，万元 GDP 能耗下降 23.2%，COD、NH_3–N、SO_2 和 NO_x 四项主要污染物排放分别完成削减 12.6%、13.1%、14.8% 及 17.3% 的目标任务。污水集中处理率达到 95.8%，比 2002 年提高 30.6 个百分点。为了推动绿色公交，杭州在全国率先推行城市公共自行车交通系统，作为中国唯一获奖城市荣获世界城市和地方政府组织（UCLG）的最高奖"广州国际城市创新奖"。

人居环境优化美化，生态环境是民生的最大福祉。杭州大力实施"蓝天、碧水、绿色、清静"工程，推进背街小巷改造、清洁直运、四边三化、五水共治、剿灭劣 V 类水、五气五废共治等专项行动，人居环境持续改善，成为副省级城市中首个国家生态园林城市，入选中国十大美丽山水城市。杭州水更清，天更蓝，山更绿，2017 年，市区空气质量优良天数达 271 天，优良率达 74.2%，自 2013 年实行新标准以来，提高 14.2 个百分点；水质明显改善，杭州市饮用水源地水质达标率达 100%，跨行政区域交接断面水功能达标率达 78.9%，比 2010 年提高 2.3 个百分点；森林覆盖率达 66.8%，居全国省会城市和副省级城市第一；市区建成区绿化覆盖率为 40%，比 1990 年提高 22.6 个百分点，市区人均公园绿地面积为 13.8 平方米，比 2001 年增加 7.8 平方米。

三、湖州市绿色发展绩效评价

湖州市绿色发展指数为 80.16，居浙江省第二位，仅次于杭州市。参评的 55 项指标中，湖州市 21 项指标在浙江省排名前三位，与 2016 年评价相比较，17 项指标名次有提升，18 项指标名次持平，10 项指标名次下降。湖州市上下齐心打好污染防治攻坚战，全力补齐污染防治领域短板，绿色发展指数居浙江省第二位，生态环境质量群众满意率达 84.6%。见表 6-4。

表 6-4   2017 年湖州市地区绿色发展指数结果

地区	绿色发展指数	资源利用指数	环境治理指数	环境质量指数	生态保护指数	增长质量指数	绿色生活指数
吴兴区	80.16	83.00	74.98	88.23	71.63	76.02	80.14
南浔区	79.00	82.69	74.99	88.43	64.45	71.65	79.57
德清县	80.96	83.78	78.03	91.52	71.43	72.55	77.22
长兴县	81.57	84.23	78.82	90.76	70.36	71.98	84.68
安吉县	80.17	78.03	82.01	91.74	73.42	70.89	78.42

水体总体评价为优，湖州市县控以上地表水监测断面水质类别符合Ⅰ类、Ⅱ类、Ⅲ类标准的比例分别为 5.3%、56.6%、38.1%，满足功能要求监测断面比例为 98.7%。湖州市地表水水质总体评价为优，相比上年，水质状况保持稳定。湖州市四大水系和城市内河水质状况均为优，其中，西苕溪Ⅰ类、Ⅱ类水比例达到了 95.5%，水质在四大水系中最好。水环境持续改善，湖州市连续 5 年夺得省治水最高奖项"大禹鼎"，成为浙江省唯一"大禹鼎"区县全覆盖的地市。

湖州市区空气质量优良天数达 259 天，市区环境空气质量持续好转，主要污染物为细颗粒物（PM2.5）和臭氧。其中 PM2.5 的年均浓度为 36 微克 / 米^3，同比下降 14.3%，空气质量优良率为 71.0%，同比上升 2.5 个百分点。市区空气质量优良天数达到 259 天，比上年多 9 天，空气质量优良率为 71%，同比上升 2.5 个百分点，优良率最高的是安吉县。湖州市酸雨污染依然严重，酸雨类型未发生根本变化，降水中主要致酸物质仍然是硫酸盐。相比上年，湖州市降水 pH 平均值上升 0.12，湖州市区降水 pH 平均值有所下降，酸雨总频率下降了 6.4 个百分点。

噪声源主要来自交通和生活，湖州市所有行政区域的功能区噪声总超标率为 21.9%，其中昼间超标率为 0，夜间超标率为 43.8%，总超标率同比上升 15.6 个百分点，夜间声环境质量相对较差。交通噪声源和生活噪声源仍是影响城市声环境质量的主要噪声源，道路交通噪声平均值（路长计权）为 67.8 分贝，同比上升 2.9 分贝，超过 70 分贝的路段长度合计为 92.062 千米；城市区域环境噪声平均值（面积计权）为 51.5 分贝，同比下降 1.1 分贝。

辐射环境质量总体良好，环境辐射包括电离辐射和电磁辐射，电离辐射是一种可以把物质电离的辐射，电磁辐射就是通俗意义上的电磁波。湖州市本级集中饮用水水源地保护区水中的总 α 和总 β 均低于生活饮用水卫生标准中规定的放射性指标指导值。电磁辐射发射设施及周围环境敏感点的电磁辐射水平总体未见明显变化，输电线路和变电站周围环境的工频电场强度和磁感应强度均低于相关限值。

湖州市 2017 年主要污染物排放情况，废水、废气排放均超额完成年度减排目标，废水排放总量为 22519 万吨，同比减少 3.09%，其中工业废水排放量为 8280 万吨，同比减少 2.24%。废水化学需氧量（COD）排放量同比下降 11.25%，氨氮排放量同比下降 4.67%，二氧化硫排放量同比下降 9.85%，氮氧化物排放量同比下降 6.73%，湖州市工业固体废物产生量为 246.0357 万吨，工业固体废物综合利用处置率达 99.8%。2018 年危废处置量为 37.8583 万吨。

四、金华市绿色发展绩效评价

2017 年浙江各市、县（市、区）绿色发展年度评价结果出炉。金华市 2017 年的绿色发展指数位列浙江省设区市第三位；义乌位列浙江省各县（市、区）第八位，金华各县（市、区）第一位，较去年有显著提升。评价结果显示，金华市的资源利用指数、环境治理指数、环境质量指数、生态保护指数、增长质量指数、绿色生活指数等 6 项指标的得分分别为 79.89、78.22、89.88、74.62、70.81、77.62，绿色发展指数为 79.67。其中，绿色发展指数得分在浙江省各设区市中排名第三位；环境治理指数得分居第二位，环境质量指数得分居第三位；增长质量指数和资源利用指数得分偏低，在浙江省各设区市中排在第九位和第十位。见表6-5。

表6-5　　　　　　　　　　　　2017年金华市地区绿色发展指数排名

地区	绿色发展指数	资源利用指数	环境治理指数	环境质量指数	生态保护指数	增长质量指数	绿色生活指数
婺城区	79.51	78.34	79.66	90.02	72.12	72.69	77.88
金东区	79.91	82.92	77.37	89.61	70.07	67.35	80.60
武义县	78.93	79.19	78.85	90.01	73.08	66.14	76.99
浦江县	79.89	80.02	78.27	91.68	75.21	65.88	79.79
磐安县	80.70	80.17	78.79	94.06	80.61	67.91	74.06
兰溪市	79.04	79.89	76.95	91.03	71.66	67.49	77.78
义乌市	80.98	80.39	79.32	91.77	71.67	76.05	81.23
东阳市	80.02	80.53	77.09	92.23	72.66	72.70	77.02
永康市	79.79	79.36	80.41	90.12	73.27	67.91	79.25

县（市、区）评价结果显示，金华市的9个县（市、区）的绿色发展指数得分在浙江省89个县（市、区）中的排名，从高到低依次是义乌（第八）、磐安（第十三）、东阳（第二十三）、金东（第二十六）、浦江（第二十七）、永康（第三十一）、婺城（第四十三）、兰溪（第五十六）、武义（第六十六）。

其中义乌的绿色发展指数排名，较去年（第三十二）有大幅提升，位居浙江省第八位，金华市第一位。义乌积极践行"绿水青山就是金山银山"理念，全面推进生态文明建设。森林覆盖率由原来的35%提升到50.8%，人均绿地面积由原来的9.7平方米提升到13平方米。义乌6个乡镇100%成功创建国家级生态镇，另有生态文明教育基地、绿色社区、绿色学校等省级以上绿色单位近百家。此外，义乌全力打好"蓝天保卫战"和"碧水攻坚战"，深入推进砖瓦窑淘汰、扬尘治理、高污染燃料管控等重点工作，金华市年排放 VOCs 10吨以上的120家企业全部安装在线监控。2017年市区空气质量 AQI 优良率为86%，比基准年2013年（58.4%）上升27.6个百分点；PM2.5年均浓度为38微克/米³，比基准年2013年（66微克/米³）下降42.4%，下降幅度高于浙江省平均6.4个百分点。

五、海盐市绿色发展绩效评价

2015 年 5 月 11 日，海盐县政府和浙江省经济信息中心联合发布了《海盐绿色发展报告 2013—2014》。这是全国第一份县级绿色发展报告，对海盐多年来绿色发展取得的成效进行了回顾，评价海盐绿色发展水平，并对海盐绿色发展存在的问题和发展展望进行了分析。

该报告在浙江省和海盐县实际情况的基础上，根据绿色发展指数，首次对绿色发展水平进行了划分，初步把绿色发展分为萌芽、发展、提升和全面推进四个阶段。评估报告显示：海盐县绿色发展综合指数从 2013 年的 101.78，提高到 2014 年的 104.43，呈现逐年提升的良好态势。部分绿色发展指标已经达到浙江省平均水平以上。2013 年已经开始迈入绿色发展的提升阶段。

海盐先后获国家级绿色生态示范城区、国家可再生能源建筑应用示范县、国家级分布式光伏发电示范区、国家园林县城、省清洁能源示范区等示范试点。特别是近年来，海盐县以绿色发展理念为指导，以建立中欧城镇化伙伴关系为契机，绿色能源推广力度不断加大，绿色产业发展水平不断提升，生态居住环境不断改善。

绿色产业发展水平不断提升。报告显示，2014 年，海盐县人均 GDP、高新技术产业增加值占规上工业比重、万元工业增加值用水量、土地资源产出率等 4 项已经高于浙江省平均水平。位于海盐经济开发区的海利循环产业园建立了覆盖三省一市的 PET 社会回收体系，年回收 50 万吨聚酯瓶，节约石油 60 万吨，减少二氧化碳排放 80 万吨，并利用中水在线回用系统达到生产用水 95% 循环利用，年节约用水 50 万吨，实现了废弃物资源化利用和资源循环化利用。同时，该园区利用 8 万平方米的屋顶面积，建设太阳能年发电 5.1MW 光伏项目，可供园区 25% 的生产用电。

生态居住环境持续改善。在绿色生态环境方面，海盐 5 项指标高于浙江省平均水平。2014 年，海盐城市空气优良率达到 84.1%，列嘉兴市第一；全县已建成总长 25.71 千米的绿道 7 条，实现省级以上生态镇全覆盖。

海盐县城里的白洋河因沿线工业污染，生活污染严重而呈一片"橙黄"，海盐县政府痛下决心对白洋河周边的明珠振兴工业园区实施关停，对工业园区 69 家企业中不符合环保要求的全部关停，符合环保要求的也搬迁至其他工业园区，并将白洋河湿地修复工程列入治水重点工程，白洋河湿地公园已成为嘉兴地区生态改造示范项目。

绿色建设和消费领域可圈可点，海盐县作为全国病死猪无害化处理长效机制试点县，通过建设县动物卫生处理中心、镇收集暂存点和村收集队伍，分别实现县级处理、镇级聚拢和村级收集，逐步探索实践"村收、镇集、县处理"的运行模式，实现了病死动物无害化处理的全覆盖。海盐在城市生活污水集中处理、城市生活垃圾无害化处理、工业固体废弃物综合利用、工业重复用水等方面的表现均可圈可点，有效改善了城乡居民的生活环境。

报告还分析总结了绿色发展中存在的问题和短板，作为改进和努力的方向，以指导下一步的绿色发展，并每年发布绿色发展报告，动态地对比在绿色发展方面的进展。将更加努力地致力于产业结构调整和升级，夯实绿色发展的经济基础，以产业转型促环境优化，以环境优化带动产业转型；致力于生态环保的基础设施建设与完善，为绿色发展提供坚实的硬件支撑。同时，还将大力宣传普及绿色发展理念知识，扩大公众的知晓度、认同度和参与度，构建全社会支持和参与绿色发展的良好局面。

第七章　绿色发展政策建议与实施途径

第一节　绿色发展的政策建议

绿色发展是化解资源、环境和生态压力的根本途径，资源、环境和生态具有公共属性，政府在实现绿色发展过程应起到核心领导、监管和重要支持作用。浙江是习近平生态文明思想的萌发地，是"美丽中国"的样本地，是"两山"理念的发源地和率先实践地。在目前仍然存在诸多绿色发展障碍和困难的情形下，浙江省各级政府应做好谋划、精准施策促进绿色发展上台阶上水平。

一、认真做好绿色发展规划和实施

浙江省国民经济和社会发展第 14 个五年规划和二〇三五年远景目标纲要已经颁布和开始实施。规划明确提出绿色发展目标：到 2025 年实现国土空间开发保护格局持续优化，生态环境质量持续改善，地级及以上城市空气质量优良天数比例达到 93% 以上，地表水达到或好于Ⅲ类水体比例达到 95% 以上，所有设区城市和 60% 的县（市、区）完成"无废城市"建设，节能减排保持全国先进水平，绿色产业发展、资源能源利用效率、清洁能源发展位居全国前列，低碳发展水平显著提升，绿水青山就是金山银山转化通道进一步拓宽，诗画浙江大花园基本建成，品牌影响力和国际美誉度显著提升，绿色成为浙江发展最动人的色彩，在生态文明建设方面走在前列。到 2035 年基本实现人与自然和谐共生的现代化，生态环境质量、资源能源集约利用、美丽经济发展全面处于国内领先和国际先进水平，碳排放达峰后稳中有降，诗画浙江大花园全面建成，成为美丽中国先行示范区。为达成上述目标，规划明确了全过程推动绿色低碳循环可持续发展，全领域打好生态环境巩固提升持久战，全地域推进生态保护修复，全方位健全环境治理体系，落实碳达峰、碳中和要求，促进人与自然和谐共生，高水平绘好新时代"富春山居图"的发展思路和具体举措。

为完成第 14 个五年规划任务，浙江省绿色发展相关管理部门制定和颁布了相应的十四五规划，比如《浙江省应对气候变化"十四五"规划》《浙江省"十四五"节能减排综合工作方案》《高质量创建乡村振兴示范省推进共同富裕示范区建设行动方案（2021—2025 年）》，等等。加强规划的指引和认真落实，浙江的绿色发展必定获得更大的进步。

二、加快建立健全绿色低碳循环发展经济体系

（一）以工业转型升级为重点，构建绿色低碳循环发展的产业体系

1. 治理高碳低效行业

聚焦钢铁、建材、石化、化工、造纸、化纤、纺织等七大高耗能行业，加快推动绿色低碳改造。

2. 发展低碳新兴产业

加快数字经济、智能制造、生命健康、新材料等战略性新兴产业发展，培育形成一批低碳高效新兴产业集群，选择一批基础好、带动作用强的企业开展绿色供应链建设。

3. 做强优势绿色环保产业

推进吴兴经济开发区、遂昌工业园区等国家绿色产业示范基地建设。支持符合条件的绿色企业上市融资，培育绿色发展领域专精特新"小巨人"企业，大力发展固体废物处置、生态修复、环境治理等环保产业。推行合同能源管理、合同节水管理，推广环境污染第三方治理。

4. 加快农业绿色发展

深入实施科技强农、推进农田宜机化改造。加强农业农村污染治理，提高设施农业可再生能源自给率，大力推广绿色生态种养，发展林业循环经济，加快一二三产业融合发展，促进农业与旅游、文化、健康等产业深度融合。

5. 提升服务业绿色发展水平

推动软件和信息服务、科技服务、现代物流等生产性服务业向专业化和价值链高端延伸，培育一批绿色流通主体，全面提升冷链物流产业生态体系，推广应用绿色包装，推进绿色饭店建设，建立绿色运营维护体系。在外贸企业推广"碳标签"制度，积极应对欧盟碳边境调节机制等绿色贸易规则。

（二）以清洁能源示范省建设为统领，构建清洁低碳安全高效的能源体系

1. 加快能源结构调整优化

严控新增煤电装机容量，推进煤炭清洁高效利用。大力发展风电、光伏发电，实施"风光倍增工程"。因地制宜发展生物质能、海洋能等可再生能源。安全高效发展核电，积极扩大天然气利用规模，有序推进抽水蓄能电站布局和建设，加快送浙第四回特高压直流通道项目建设。

2. 深化能源治理改革创新

加快构建以新能源为主体的新型电力系统，持续提升电力需求侧响应能力，积极推广虚拟电厂。持续深化电力市场化改革，完善风电、光伏发电、抽水蓄能发电等价格形成机制。稳步扩大用能权交易范围，探索多元能源资源市场交易试点。推进重点用能企业对标先进能效标准进行节能诊断和技术改造。

（三）以循环经济发展为依托，构建覆盖全社会的资源高效利用体系

1. 全面推行循环型生产方式

打造循环经济"991"行动升级版，实施园区绿色低碳循环升级工程，探索开展绿色低碳园区试点。

2. 加强再生资源回收利用

加快推进资源循环利用，推动固体废弃物处置利用全区域统筹、全过程分类、全品种监管、全链条循环。

3. 倡导绿色低碳生活方式

全面开展绿色生活创建行动，持续推进塑料污染全链条治理。

（四）以绿色低碳发展为方向，构建绿色现代化的基础设施体系

1. 建设绿色化数字基础设施体系

加强新型基础设施节能管理，制定强制性能效标准，推动数字基础设施绿色发展。

2. 推动交通基础设施绿色转型

开展低碳公路服务区、低碳水上服务区、低碳综合客运枢纽建设。推进多式联运发展，推动公路货运大型化、厢式化、专业化发展。

3. 推进城乡人居环境绿色升级

全面执行绿色建筑标准，开展老旧小区改造、既有建筑绿色化改造行动，推动可再生能源建筑一体化应用。

（五）以增强创新活力为核心，构建市场导向的绿色技术创新体系

1. 强化绿色技术研发

加强清洁能源、储能等领域前沿技术基础研究，重点突破高耗能行业节能增效技术，超前部署碳捕集利用与封存等负碳技术。

2. 推进科技成果转移转化

深入实施首台套提升工程，定期发布绿色技术推广目录。积极推广碳捕集利用与封存技术。鼓励企业、高校、科研机构打造绿色技术创新项目孵化、成果转化和创新创业基地，积极培养绿色技术创新创业人才。

3. 建设国家绿色技术交易中心

打造线上线下联动的市场化绿色技术交易综合性服务平台。扩大绿色技术交易线下辐射网，常态化推进技术服务和交易。探索建立绿色技术相关标准和认证体系。

（六）以数字化改革为牵引，健全绿色低碳循环发展体制机制

1. 构建数字智治体系

统筹推进碳达峰碳中和数智平台、省域空间治理数字化平台和"无废城市"应用场景建设，健全高效协同、综合集成、闭环管理机制。积极推广碳排放空间承载力监测分析和碳达峰碳中和动态监测、预警、评估等应用。

2. 制定节能降碳标准

加快重点行业、重点领域准入制度体系建设，分类分批确定最严格的准入标准。加快制定产业结构调整能效、碳效指南。建设统一的绿色产品标准、认证、标识体系，培育和引进高品质绿色认证机构，支持企业开展绿色产品认证。

3. 完善政策法规体系

建立健全高耗能行业阶梯电价和单位产品超能耗限额标准惩罚性电价政策，优化分时电价机制。推广与生态产品质量和价值相挂钩的财政奖补机制，加大对节能降碳增汇项目实施和技术研发的财政支持力度。建立基于能效技术标准的用能权有偿使用和交易体系，探索跨区域交易。全面参与碳市场建设，健全用能权和碳排放权协同协调机制，探索建立全省碳排放配额分配管理机制。建立生态信用行为与金融信贷相挂钩的激励机制，发展基于各类环境权益的融资工具。推动碳金融产品服务创新，积极争取国家气候投融资试点。

4. 健全生态产品价值实现机制

建立覆盖陆域、海岸带和项目层级的 GEP 核算体系，逐步扩大 GEP 核算应用试点范围。深化"两山银行"试点建设。构建面向生态占补平衡的特色指标体系，支持衢州市、丽水市等地以生态占补平衡为重点开展生态产品价值实现机制试点。

三、制定和实施科学合理的绿色发展支持政策和措施

（一）制定和落实财政政策

各地要把推进各行业绿色发展作为浙江经济高质量发展的重要途径，研究出台各项支持各行业高质量发展、绿色发展的扶持政策，优化财政专项资金支持各行业绿色发展的方式和重点，提高精准性和及时性。围绕节能减排、节水、资源综合利用等重点领域，分年度编制省级绿色发展重点项目计划，省级财政每年安排一定资金予以扶持，税收方面给予减免。

（二）发展绿色金融

以绿色金融支持各行业绿色发展，建立和完善多元化的绿色制造投融资机制，拓宽绿色制造融资渠道。加强产融对接，推进全省范围内金融机构对绿色产品、绿色工厂、绿色供应链、绿色园区以及绿色生产重点项目等相关

信息共享，定期向金融机构推送。进一步发展绿色信贷、绿色债券、绿色担保、绿色贴息等金融服务。

（三）强化宣传引导

加强舆论宣传引导，开展多层次、多形式的宣传教育，大力传播绿色发展理念。充分发挥行业协会、产业联盟等社会组织积极作用，利用互联网、报纸杂志、新闻媒体等大众传媒，加强经验交流和宣传教育，为绿色制造营造良好的消费文化和社会氛围。

四、强化绿色发展创新驱动及科技支撑

大力推进绿色技术的产业化，加快绿色低碳科研成果转化和产业化示范推广，加快培育一批绿色低碳的产业项目。集中力量开展一批具有重大推广意义的绿色技术，努力突破一批技术瓶颈。强化自主创新能力，不断引进、消化、吸收和再创新国内外关键共性技术。积极促进产学研结合，有效发挥高校、科研院所和企业的技术合力，为推动绿色发展提供相应的技术支撑。加强绿色发展专业人才的引进和培养，积极创造良好条件，充分调动和发挥专业人才的积极性、创造性。

五、加强绿色发展监管制度的科学制定和严格执行

建立严格问责机制，坚持源头严防、过程严管、后果严惩，实现绿色发展有法可依、有章可循。提高公众参与度，建立生态保护统一战线，绘就绿色发展"最大同心圆"。制度是理念方针得以贯彻和实施的保障，应进一步完善严格的问责机制，强化绿色发展制度建设。

一是加强源头严防。提高企业进驻的环境门槛，将高污染、重污染企业、拒之门外，实现从"招商引资"向"招商选资"的转变。

二是坚持过程严管。完善信息公开披露机制，及时发布河流水质、空气质量、污水处理设施达标排放情况等信息。建立企业环保信用信息"黑名单"，加大环保失信信息的曝光力度。

三是落实后果严惩。健全生态环境保护责任追究制度，对未达到区域环境保护目标、污染减排目标、环境质量目标的相关责任人进行生态危害问责，

实现绿色发展有法可依、有章可循。

积极整合社会团体资源，推进绿色发展的社会机制改革与创新。浙江现有一批民间环保组织，总体上数量较多、机构较为健全、市场化和专业化程度较高、社会影响力较大。浙江各级政府在推进绿色发展过程中，应更加积极调动民间环保组织和志愿者的生态参与意识，促进公众更好地参与环保、监督环保，将公众的意愿、热情、智慧转化成生态治理的具体行动。

第二节　绿色发展动力发掘

一、挖掘创新活力，提升绿色技术创新水平

企业主体的内生科技创新动力是高质量绿色发展的第一动力。用好科技创新这个"关键变量"，须进一步激活企业主体的绿色发展内生动力，以绿色科学技术创新促进产业升级，提升产品档次，提升了产业核心竞争力。

（一）强化绿色技术研发

加强清洁能源、储能等领域前沿技术基础研究，重点突破高耗能行业节能增效技术，超前部署碳捕集利用与封存等负碳技术。鼓励优势单位牵头建设省级重点实验室、技术创新中心，支持龙头企业牵头组建体系化、任务型的绿色技术创新联合体、产业技术联盟。

（二）推进科技成果转移转化

深入实施首台套提升工程，定期发布绿色技术推广目录。从转变经济发展方式入手，设立绿色发展基金，对绿色转型升级、技术创新、创建品牌的企业实行重奖。政府组织通过积极牵线搭桥，帮助企业与专家、大专院校合作，借脑借智。建立产学研基地，企业成为学校专门的研学基地。加快了企业创新发展步伐。

积极推广碳捕集利用与封存技术。鼓励企业、高校、科研机构打造绿色技术创新项目孵化、成果转化和创新创业基地，积极培养绿色技术创新创业人才。

（三）建设国家绿色技术交易中心

打造线上线下联动的市场化绿色技术交易综合性服务平台。扩大绿色技术交易线下辐射网，常态化推进技术服务和交易。探索建立绿色技术相关标准和认证体系。

二、挖掘制度支持力，保障绿色发展持续稳定性

全面加强党对生态文明建设和生态环境保护的领导，完善生态文明领域统筹协调机制，构建生态文明体系，推进生态环境治理体系和治理能力现代化。

（一）构建数字智治体系

统筹推进碳达峰碳中和数智平台、省域空间治理数字化平台和"无废城市"应用场景建设，健全高效协同、综合集成、闭环管理机制。积极推广碳排放空间承载力监测分析和碳达峰碳中和动态监测、预警、评估等应用。

（二）制定节能降碳标准

加快重点行业、重点领域准入制度体系建设，分类分批确定最严格的准入标准。加快制定产业结构调整能效、碳效指南。建设统一的绿色产品标准、认证、标识体系，培育和引进高品质绿色认证机构，支持企业开展绿色产品认证。

（三）完善政策法规体系

建立健全高耗能行业阶梯电价和单位产品超能耗限额标准惩罚性电价政策，优化分时电价机制。推广与生态产品质量和价值相挂钩的财政奖补机制，加大对节能降碳增汇项目实施和技术研发的财政支持力度。建立基于能效技术标准的用能权有偿使用和交易体系，探索跨区域交易。全面参与碳市场建设，健全用能权和碳排放权协同协调机制，探索建立全省碳排放配额分配管理机制。建立生态信用行为与金融信贷相挂钩的激励机制，发展基于各类环境权益的融资工具。推动碳金融产品服务创新，积极争取国家气候投融资试点。

（四）健全生态产品价值实现机制

建立覆盖陆域、海岸带和项目层级的 GEP 核算体系，逐步扩大 GEP 核

算应用试点范围。深化"两山银行"试点建设。构建面向生态占补平衡的特色指标体系，支持衢州市、丽水市等地以生态占补平衡为重点开展生态产品价值实现机制试点。

三、挖掘绿色生活潜力，提高人民绿色生活行动力

（一）提高生态环保意识

1. 加强生态文明教育

把生态文明教育纳入国民教育体系、职业教育体系和党政领导干部培训体系。将习近平生态文明思想和生态文明建设纳入学校教育教学活动安排，培养青少年生态文明行为习惯。在各级党校、行政学院、干部培训班开设生态文明教育课程。推动各类职业培训学校、职业培训班积极开展生态文明教育。推进环境保护职业教育发展。开展生态环境科普活动，创建一批生态文明教育基地。

2. 繁荣生态文化

加强生态文化基础理论研究。加大生态文明宣传产品的制作和传播力度，结合地域特色和民族文化打造生态文化品牌。鼓励文化艺术界人士积极参与生态文化建设，加大对生态文明建设题材文学创作、影视创作、词曲创作等的支持力度。开发体现生态文明建设的网络文学、动漫、有声读物、游戏、广播电视节目、短视频等。利用世界环境日、世界水日、植树节、湿地日、野生动植物日、爱鸟周、全国节能宣传周等，广泛开展宣传和文化活动。

（二）倡导绿色低碳生活方式

全面开展绿色生活创建行动，持续推进塑料污染全链条治理。鼓励国有企业建立绿色采购制度，提高政府绿色采购比例。推广绿色电力证书交易，引领全社会增加绿色电力消费。促进个人新能源小客车消费，引导公众绿色出行。建设全省统一的碳普惠平台，积极推广碳积分、碳账户等碳普惠产品。鼓励引导大型活动、会议开展碳中和实践。积极弘扬生态文化，普及生态文明知识，开展全民绿色行动，倡导简约适度、绿色低碳的生活方式，形成文明健康的生活风尚。

强化公众监督与参与。推进环境政务新媒体矩阵建设，加大信息公开力

度。推进环保设施和城市污水垃圾处理设施向社会开放。完善生态环境公众监督和举报反馈机制，畅通环保监督渠道。实施生态环境违法举报奖励，激发公众参与环保热情。加强生态环境舆论监督，鼓励新闻媒体对各类破坏环境问题、突发环境事件、环境违法行为进行曝光和跟踪。健全环境决策公众参与机制，保障公众的知情权、监督权、参与权。

第三节　绿色发展实施途径

一、坚定走绿色发展之路

在习近平生态文明思想的指引下，浙江省在绿色发展的道路上不断前进，从"绿色浙江"到"生态浙江"再到"美丽浙江"和"诗画浙江"不断进阶，浙江省已经成为我国绿色发展的榜样，成绩斐然也来之不易，戒骄戒躁，坚定正确的绿色发展之路既是时代的要求，也是浙江可持续发展的必由之路。

重引导、强宣传，努力形成"四位一体"绿色发展的共识共为。理念是行动先导，认识和理念决定了其行动和方向。借助广播、电视、报纸、互联网等媒体多渠道、多方式地构建以图像、文字、动漫和生态文化专题宣传相结合的宣传模式，将尊重自然、顺应自然、保护自然的生态文明理念，进行全方位地持久化和系列化的宣传和实践，将生态文明理念和建设美丽浙江深入人心。将绿色生态文化与本土文化融为一体，挖掘、保护、传承具有时代特征和浙江特色的绿色生态思想和文化，强化绿色生态资源与传统文化资源的兼收并蓄和合理开发利用，增强全民绿色生态意识和理念，引导民众做绿色生态文化的传承者、弘扬者和践行者，形成人人崇尚参与的发展绿色生态文明的新潮流。同时，要重视将理念转化为行动，将生态文明建设行动分解落实到政府、社区、企业和普通百姓大众的具体实践当中，构建绿色政府、绿色社区、绿色企业和绿色公民"四位一体"的、全民参与的绿色发展社会行动体系。实现全民参与的绿色发展的关键途径，引导社会成员树立起绿色生产生活理念，更加坚定走绿色发展之路的信念。

二、坚持走经济发展绿色化之路

（一）推进产业结构绿色化

立足浙江自身生态资源禀赋和产业发展实际，加快发展具有技术含量和环境质量的绿色产业。以纺织印染、化工、化纤、非金属矿物制品、有色金属加工、养殖业等行业为重点，全面推行传统产业绿色化升级改造，推进产业低碳转型，同时扶持发展一批低碳高效产业。

（二）推进生产过程清洁化

大力推进自主创新战略，推进清洁生产关键技术攻关。大力推广应用清洁生产新技术、新工艺、新装备，重点在冶金、建材、有色、化工、电镀、造纸、印染、农副食品加工等行业，推进清洁生产技术改造，树立标杆、示范推广。严格执行国家鼓励的有毒有害原料替代目录，从源头上防止污染物产生。

1. 实施一批绿色制造重点项目

以化工、建材、化纤、纺织印染等行业为重点，每年组织实施一批重点节能减排技术改造项目，推进关键节能减排技术示范推广和改造升级；以纺织印染、造纸、石油炼制、食品发酵、化工、有色金属等重点用水行业为重点，每年组织实施一批工业节水技术改造项目，开展节水型企业建设活动；结合无废城市创建，每年组织实施一批工业"三废"综合利用技术改造项目，推动工业企业主动开展工业固体废物综合利用。实施绿色新兴产业培育工程，不断壮大节能环保、新能源等绿色战略性新兴产业规模，构建自主可控、安全高效的绿色产业链，加快形成绿色发展新动能。

2. 培育一批绿色工厂

按照厂房集约化、原料无害化、生产洁净化、废物资源化、能源低碳化原则，结合行业特点，推动企业优化制造流程、采用先进节能技术和装备、加强生产制造管理等，创建绿色工厂。制定出台省级绿色工厂标准规范，择优确定一批省级绿色工厂。推动各地结合实际开展绿色工厂分级评价。积极开发推广具有无害化、节能、环保、高可靠性、长寿命和易回收等特性的绿色产品，构建以全生命周期资源节约、环境友好为导向，涵盖采购、生产、营销、使用、回收、物流等环节的绿色供应链。

（三）推进能源资源利用高效化

大力发展清洁能源，提高非化石能源在能源消费结构中的比重，推广新能源与传统能源相结合、小型分散与集中利用相结合的新型用能方式。推广中低品位余热余压制冷、供热和循环利用。大力推广新型节水工艺和技术，推进工业园区企业间串联用水、分质用水、一水多用和循环利用。持续深化"亩均论英雄"改革，实施全域低效企业改造提升行动。

（四）推进区域经济循环化

大力推进企业、园区循环经济发展，在此基础上，发展区域循环经济，推动区域内资源的循环利用，形成循环经济的规模效益，促进循环经济的平衡发展。推进跨区域合作，促进企业、行业、区域链接共生和协同利用，构建循环经济产业链，实现区域经济与循环经济协同发展，从根本上改变"大量生产、大量消费、大量废弃"的传统增长模式。

1. 创建一批绿色园区

对标工信部《绿色园区评价要求》，选择一批基础条件好、代表性强的工业园区，优先推荐申报国家级绿色园区。从空间布局优化、产业结构调整、企业清洁生产、公共基础设施建设、环境保护、组织管理创新等方面，推进现有各类园区进行循环化改造。鼓励园区建立能源监测管理平台，对各类园区内主要用能单位的能源利用状况进行实时、量化、准确的动态监管，构建智慧的能源管理系统，鼓励工业园区开发应用园区大脑、第三方环保管家等新型管理模式，实现工业园区智慧管理。

2. 建设一批绿色制造先行区

坚持结果导向与过程导向相结合、集中评价与动态监测相结合的原则，制定绿色制造区域评价办法，实施以县（市、区）为对象的浙江省绿色制造区域评价，定期发布评价结果。以年度全省绿色制造区域评价结果为依据，以工业增加值不低于百亿元、工业增加值占GDP比重不低于1/3、能耗和污染排放量未突破区域总量为基本要求，每年择优选择若干个县（市、区）确定为"浙江省绿色制造先行区"。

（五）提升绿色制造基础能力

培育和发展一批绿色制造服务机构，为园区、企业提供能源审计、评估、检测、环保技术咨询、清洁生产审核、节能诊断以及资源综合利用咨询等服务。支持绿色制造系统集成供应商为各类主体提供绿色制造相关方案咨询、研发设计、集成应用、运营管理、管理服务等技术支撑。

三、坚持走社会文明绿色化之路

深入开展绿色生活创建行动，增强全民节约意识，倡导简约适度、绿色低碳、文明健康的生活方式，坚决抵制和反对各种形式的奢侈浪费，营造绿色低碳社会风尚。推行绿色消费，加大绿色低碳产品推广力度，组织开展节能宣传周、世界环境日等主题宣传活动，通过新闻发布、新媒体、短视频、公益广告等多种传播渠道和方式广泛宣传绿色消费法规、标准和知识。发挥行业协会、商业团体、公益组织的作用，支持绿色消费公益事业。畅通群众参与节能减排、生态环境监督渠道。开展绿色生活自愿承诺，引导市场主体、社会公众自觉履行绿色生活责任。